Next Neighbor Number

M.Kareem Elminyawi

I.M. (Omar) Minyawi

Omar Minyawi Enterprise

Introduction

How often do we hear people saying things like "I hate math", "Numbers are not my thing", and "Can I use a calculator for that"? Nowadays, many people disregard the value of numbers, thinking they can live their lives free of the numbers that once haunted them in grade school. However, dealing with numbers should not be intimidating. Mathematics and numbers, dictate a huge portion of our everyday lives, and it is time that we began to see numbers in a new light – as a friend, not a foe!

This brand-new book is our own humble attempt to reinvigorate peoples' fascination in numbers. It is a special Number Search puzzle book. We all know word search puzzles. We solved some of them as young students at schools and at home. Word search puzzles are still prevalent in magazines, newspapers, and special publications. However, there are no similar or parallel puzzles for numbers. One big reason for that is that words intrinsically have a meaning, whereas numbers seem more "dry" and abstract. This book attempts to eliminate these misconceptions; by combining numbers with the concept and strategy behind word searches, this book will show that numbers can be both fun and beneficial!

This book is best used at ages 7 and up. For the elderly, this book serves the purpose of improving mental health, keeping the brain active through focus and practice. For the young, this book helps develop problem solving strategies and perseverance.

There are 100 puzzles in this book, each being a 15x15 table filled with random numbers between 0 and 9. The requirement is the same for each puzzle – find a continuous string of numbers without any repetitions to score as high as possible. Each puzzle has a several different solutions. All solutions are easily self-checked. Once a player completes one puzzle, he or she can count their score, and is then encouraged to move onto the next to try to score higher than on the previous puzzle! Challenge your family and friends and see who scores the highest!

This book can be used individually or between a group, at home or at school, as a hobby or as a challenge – the possibilities are endless. Try it timed for an extra challenge! These new puzzles will get you to love numbers in no time. Try it today!

INSTRUCTIONS →

Instructions

Search for Chains of Numbers

- The player connects unrepeated numbers in a chain, going from one number (start) in an unbroken line, and ends the chain before repeating any of the numbers in the chain that he or she formed.
- A player can move the chain right, left, up, or down, at any point to avoid repeating numbers already in the chain.

Basic Rules:

1) The Chain cannot cross itself
2) The Chain cannot go diagonally
3) Do not retrace any steps in the chain
4) A chain that connects all numbers from 0 to 9 in any order is worth 50 points.
5) Partial Chains only grant points if there are 6 or more numbers in them. A partial chain of 6 numbers will give 6 points. A partial chain of 7 will give 7 points, and so on.
6) Chains and Partial Chains should not overlap or cross one another!
7) Good luck, and have fun! These puzzles are meant to be both engaging and entertaining :)

Example:

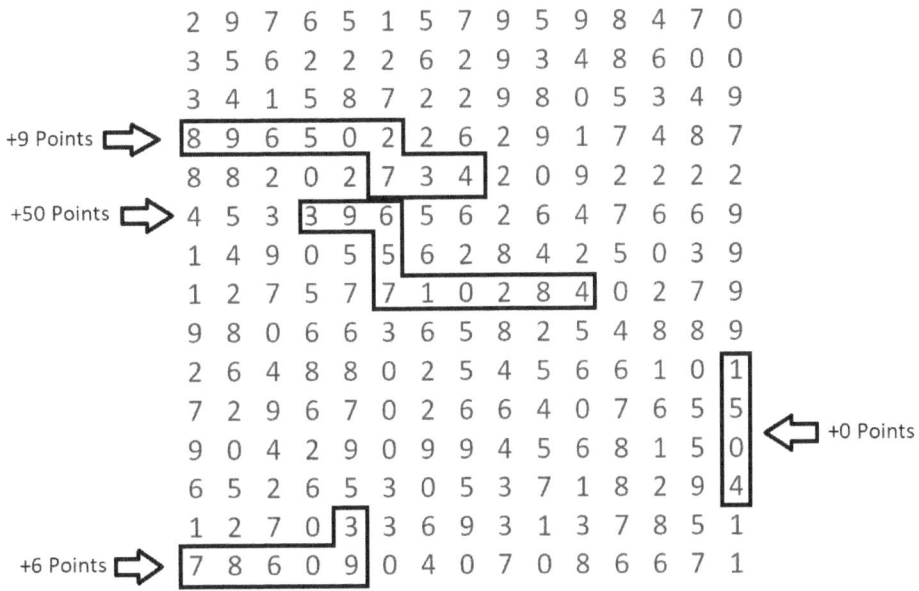

Exercise Number 1:

```
9 0 7 5 0 9 8 3 8 1 7 5 4 6 3
7 4 6 4 9 3 9 3 1 9 2 5 5 0 6
0 4 0 0 9 2 7 7 0 1 6 7 1 1 3
9 0 0 9 8 4 8 8 2 4 0 1 2 8 5
8 3 6 1 6 0 3 5 6 3 7 0 7 6 6
0 1 0 4 7 1 0 1 8 1 9 4 2 9 5
5 5 9 6 1 9 8 9 4 6 7 6 7 8 3
7 4 4 9 4 4 8 2 5 5 3 7 9 7 7
4 7 2 6 8 4 7 1 0 4 0 4 7 5 3
4 6 4 6 2 0 8 0 4 6 6 8 4 2 5
9 0 6 9 4 9 1 2 9 3 3 1 3 6 7
7 0 2 8 9 8 9 1 5 2 1 0 4 7 5
2 1 6 2 0 5 6 9 6 6 0 2 4 0 5
8 0 3 8 1 5 0 1 9 3 5 1 1 2 5
3 3 8 2 4 3 0 0 3 5 5 8 7 6 4
```

```
0 2 4 7 4 9 6 4 7 3 2 6 3 9 1
4 1 9 9 2 7 2 6 0 4 2 6 9 9 2
2 7 9 6 7 8 2 3 5 4 7 8 1 6 3
6 0 0 9 3 4 1 7 2 1 6 4 1 2 1
9 9 2 4 5 8 6 3 1 5 0 3 0 2 8
6 1 8 2 9 7 4 5 5 5 7 0 6 7 4
9 8 3 8 5 0 5 4 9 4 5 8 8 5 8
6 9 2 6 9 9 5 6 9 0 9 2 7 2 1
0 7 9 7 5 0 9 3 0 2 9 5 5 3 2
1 1 6 5 3 4 4 9 8 7 2 0 2 7 5
5 9 6 0 2 3 6 4 8 0 6 6 5 4 9
9 1 1 9 8 8 1 8 3 4 7 9 7 7 5
3 5 6 6 3 6 9 8 0 7 4 2 6 5 4
2 5 2 7 8 6 2 5 5 1 8 1 8 4 1
7 5 7 4 6 7 2 8 9 0 9 7 7 7 7
```

```
2 7 9 3 8 0 0 0 8 1 6 4 7 0 6
0 0 1 6 1 4 5 2 4 9 1 9 2 1 7
3 2 1 7 2 1 4 7 7 2 3 5 0 1 4
1 4 4 1 9 7 3 5 6 8 5 4 8 1 6
1 3 6 1 1 5 7 3 5 2 5 5 2 1 3
3 4 7 5 7 4 1 8 4 9 4 6 8 4 3
8 5 2 3 3 2 3 9 0 7 3 9 4 1 4
3 3 3 4 5 4 7 7 6 2 4 1 6 8 6
2 5 1 8 9 8 3 5 6 9 4 8 5 5 6
2 0 9 9 2 1 9 2 2 2 1 8 4 2 7
2 5 5 0 2 5 4 2 5 6 8 8 7 6 7
1 7 9 0 4 9 4 6 0 1 6 5 3 4 6
6 8 0 4 9 8 8 6 2 7 2 3 2 7 9
1 7 8 6 0 8 5 7 8 4 3 8 3 8 2
7 9 6 7 9 7 6 6 8 1 4 5 4 1 0
```

```
0 9 5 3 8 8 3 7 8 6 3 6 0 9 5
0 6 8 0 0 6 4 2 2 5 1 2 5 2 0
5 1 1 7 3 9 2 9 8 4 8 9 6 0 8
4 1 2 8 4 8 8 6 2 6 9 4 5 6 0
4 2 4 1 9 6 5 2 8 5 0 2 2 2 1
0 6 6 1 1 8 6 3 0 6 7 4 4 2 7
8 6 2 2 0 3 9 1 9 4 9 4 5 0 4
7 1 2 3 7 1 3 7 8 6 9 6 0 9 5
6 3 6 4 3 7 1 9 1 7 2 8 7 4 6
7 7 6 4 6 5 7 5 7 3 9 6 2 4 1
3 8 9 0 8 6 5 8 3 2 6 4 5 9 9
5 8 1 3 3 9 0 4 7 8 0 2 7 5 9
0 0 9 9 4 6 5 7 6 4 0 7 8 9 5
1 2 6 9 4 6 8 3 9 8 3 5 2 5 9
5 7 0 9 8 2 5 8 2 2 6 2 0 5 2
```

```
2 4 8 9 4 0 7 7 2 6 7 1 9 4 7
8 2 6 8 4 8 2 6 0 1 4 7 6 9 9
0 9 0 2 6 4 0 1 3 6 3 9 4 4 3
7 4 5 5 3 0 5 0 6 8 2 0 3 4 9
6 2 5 2 4 5 1 7 4 9 3 9 9 6 5
1 4 3 1 4 2 9 8 0 9 1 9 0 6 5
9 2 5 0 9 3 7 2 2 1 6 9 6 4 6
1 5 1 5 7 0 9 8 5 8 3 8 7 4 1
0 5 9 7 8 8 5 9 5 9 7 7 2 9 7
5 4 9 8 9 3 0 1 6 1 7 5 3 9 2
8 4 6 8 1 3 8 2 6 8 6 8 3 8 6
8 9 4 2 7 7 4 1 5 5 9 9 1 8 5
5 9 2 5 2 4 5 9 5 3 9 5 9 4 3
1 0 4 9 9 7 2 5 2 4 6 8 0 8 4
5 9 8 7 2 7 3 6 4 4 6 9 5 8 4
```

```
8 6 5 3 8 3 6 7 3 6 2 2 2 6 2
6 0 9 9 1 2 4 6 0 8 0 5 1 2 4
3 8 8 4 3 9 0 4 5 1 2 4 4 1 3
6 5 4 9 7 6 2 7 8 0 7 9 7 7 1
5 6 9 1 4 3 5 9 9 7 7 0 0 1 2
9 6 1 6 0 8 9 4 4 1 6 9 4 8 6
8 5 5 5 8 4 8 4 0 6 3 5 3 4 2
2 0 7 2 2 5 8 2 8 4 8 8 6 4
8 1 5 8 4 5 6 0 2 8 5 0 6 0 1
6 8 4 2 7 3 9 4 5 2 2 6 7 4 6
7 6 7 8 8 9 5 2 5 2 1 3 8 5 2
2 5 4 9 9 5 4 6 6 6 7 2 7 8 2
3 9 8 6 4 5 6 5 9 6 1 1 6 3 5
4 8 8 6 2 3 0 5 7 7 4 5 6 4 9
8 0 3 5 5 9 3 6 3 4 5 6 8 1 7
```

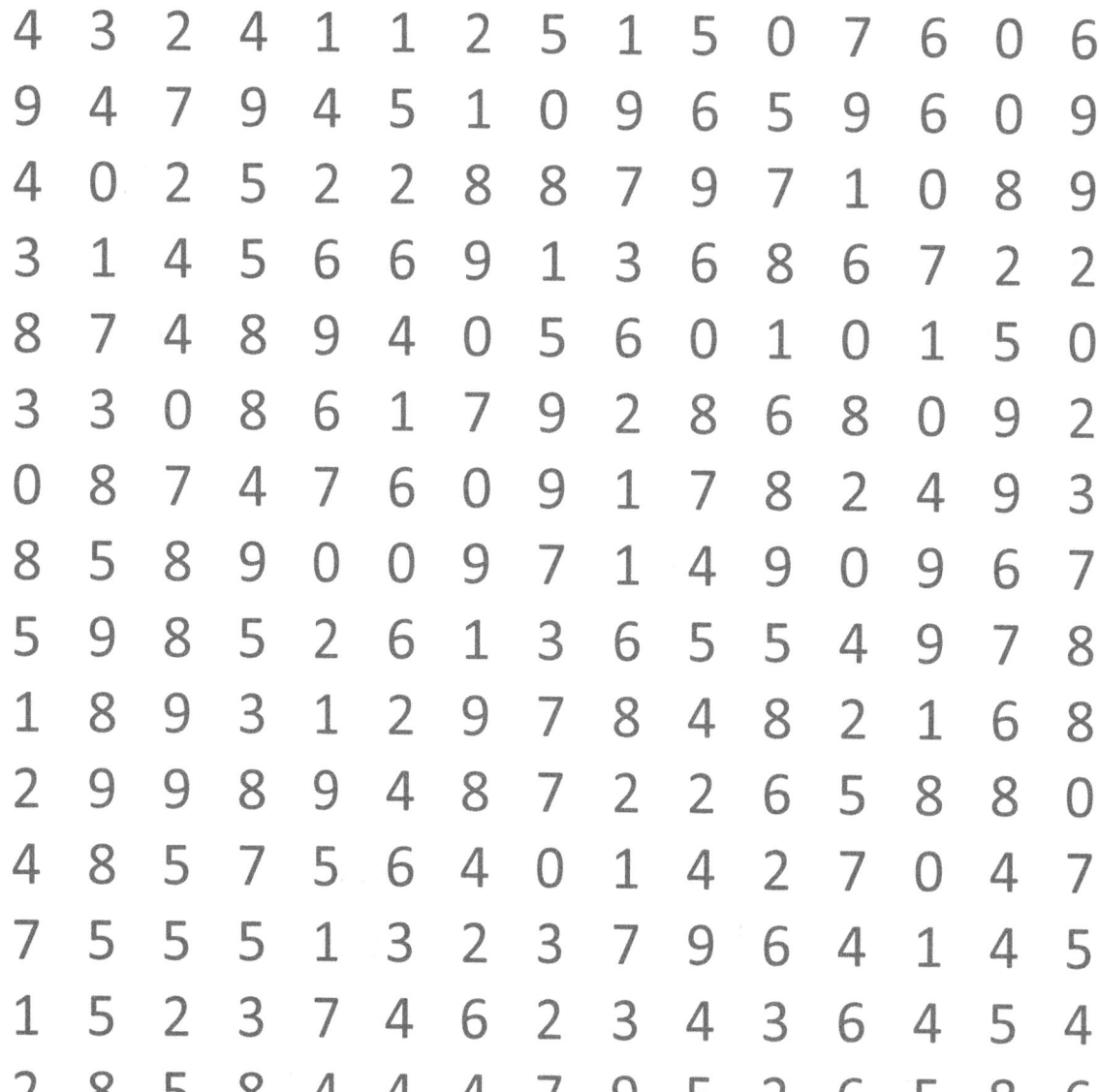

```
4 3 2 4 1 1 2 5 1 5 0 7 6 0 6
9 4 7 9 4 5 1 0 9 6 5 9 6 0 9
4 0 2 5 2 2 8 8 7 9 7 1 0 8 9
3 1 4 5 6 6 9 1 3 6 8 6 7 2 2
8 7 4 8 9 4 0 5 6 0 1 0 1 5 0
3 3 0 8 6 1 7 9 2 8 6 8 0 9 2
0 8 7 4 7 6 0 9 1 7 8 2 4 9 3
8 5 8 9 0 0 9 7 1 4 9 0 9 6 7
5 9 8 5 2 6 1 3 6 5 5 4 9 7 8
1 8 9 3 1 2 9 7 8 4 8 2 1 6 8
2 9 9 8 9 4 8 7 2 2 6 5 8 8 0
4 8 5 7 5 6 4 0 1 4 2 7 0 4 7
7 5 5 5 1 3 2 3 7 9 6 4 1 4 5
1 5 2 3 7 4 6 2 3 4 3 6 4 5 4
2 8 5 8 4 4 4 7 9 5 2 6 5 8 6
```

```
7 8 2 1 0 5 1 1 4 1 3 5 4 7 3
5 7 3 9 5 2 3 1 1 3 4 2 7 1 6
6 1 0 2 1 3 5 9 6 9 5 3 6 2 3
1 4 4 2 9 5 2 4 8 4 9 3 7 1 8
7 1 1 0 1 4 5 7 6 5 4 0 3 5 9
0 2 7 9 9 3 4 4 0 3 7 4 2 0 0
7 3 1 0 5 7 8 5 3 9 0 6 2 1 9
8 3 8 7 4 4 7 8 0 8 4 7 8 4 8
9 6 8 3 3 2 1 4 4 5 7 1 3 8 6
8 7 5 1 9 4 3 5 0 6 4 3 0 2 1
8 4 5 3 1 9 1 0 4 8 4 8 1 0 0
5 3 7 0 6 1 4 6 8 0 6 7 4 9 1
9 2 7 8 1 9 1 1 9 7 9 3 9 9 5
2 0 6 1 4 1 9 6 6 3 4 2 8 7 5
4 4 4 0 6 4 3 7 4 5 1 2 3 7 1
```

```
8 1 9 2 1 7 9 9 9 8 3 9 1 0 1
5 9 1 9 5 6 1 8 1 4 6 7 5 1 4
2 6 9 1 2 3 9 7 4 8 9 4 0 9 0
7 1 8 6 4 9 4 2 3 1 9 6 1 5 6
7 9 4 5 2 0 8 0 9 5 1 4 6 5 5
0 2 2 5 2 3 1 6 0 3 8 8 1 9 3
0 1 4 2 0 9 3 7 6 2 1 3 7 8 5
5 9 5 6 6 3 8 9 3 7 7 8 7 0 8
3 0 3 9 0 6 9 7 9 2 0 7 7 3 4
6 7 2 2 1 8 2 5 6 2 5 9 9 6 6
1 5 0 1 4 2 1 5 0 3 0 6 8 0 3
8 4 4 7 7 3 4 5 4 9 2 0 2 6 0
5 4 1 4 6 6 5 9 2 5 2 0 1 4 9
7 4 4 2 8 5 0 7 3 2 5 1 8 6 6
6 0 0 2 1 3 2 4 3 4 0 8 8 1 9
```

```
0 7 1 0 4 8 6 3 3 1 7 3 4 6 4
9 6 5 1 4 5 3 9 0 5 7 9 6 2 6
8 5 6 1 0 0 5 5 0 8 1 0 6 6 5
8 7 9 6 9 9 8 1 6 3 5 7 4 7 3
6 3 8 4 0 5 2 5 7 1 4 5 9 1 0
2 8 9 7 0 6 4 1 4 0 1 1 0 9 7
1 2 0 6 2 8 0 4 3 9 0 3 9 7 5
9 5 1 5 6 7 7 1 5 7 7 0 0 4 2
0 3 3 7 8 6 9 9 3 6 0 0 7 2 3
0 5 5 8 7 6 3 1 7 6 3 5 9 4 2
1 8 7 3 1 2 5 1 4 7 1 2 0 5 3
2 9 2 8 1 9 1 8 2 6 1 8 6 1 2
5 8 6 7 3 2 1 5 7 9 1 9 8 4 1
4 8 4 8 8 2 9 1 6 4 4 7 0 6 0
9 5 7 5 2 7 0 6 9 5 7 2 2 0 9
```

```
1 7 5 6 7 1 1 6 7 2 2 9 1 0 9
8 1 6 9 0 9 1 5 2 8 0 1 7 3 5
0 6 7 1 2 7 4 8 5 8 3 2 2 2 8
7 1 8 3 5 2 0 9 3 5 3 9 6 5 7
2 5 1 2 1 0 8 3 5 7 9 1 5 1 3
6 9 8 8 2 0 9 1 4 4 4 2 1 0 0
6 7 5 1 0 3 3 4 6 7 1 1 0 3 1
4 1 2 6 7 1 1 1 3 6 9 9 0 8 6
5 8 5 1 6 3 9 8 3 1 5 0 1 9 7
0 1 6 5 1 5 1 1 6 8 5 1 7 1 4
3 7 6 5 7 6 1 8 3 5 1 5 5 6 5
0 8 8 4 9 0 9 8 9 8 5 9 9 8
2 3 8 7 3 4 5 5 2 8 3 3 1 6 3
5 5 0 7 6 4 7 9 1 8 5 3 5 8 9
3 2 2 6 1 8 5 4 8 9 6 3 2 1 3
```

```
2 9 3 3 0 8 9 8 5 7 0 6 4 2 0
4 6 7 5 2 5 9 0 7 0 9 1 5 4 8
1 4 1 6 5 4 9 8 5 9 4 6 1 6 3
7 1 8 0 2 7 0 9 8 1 9 9 4 3 0
9 9 2 4 4 8 8 9 5 7 5 7 1 2 8
2 8 9 0 5 9 2 3 2 3 3 2 6 0 9
7 2 9 9 7 1 2 0 8 4 4 3 3 5 7
3 2 6 5 4 8 9 3 8 2 3 9 1 1 9
3 2 5 9 7 4 6 3 6 6 7 3 0 5 8
3 6 0 4 1 4 2 8 1 3 8 8 3 0 3
2 0 3 8 2 4 9 0 3 7 5 8 9 8 5
2 4 3 7 4 4 1 7 0 2 9 1 3 2 7
6 5 6 1 8 0 9 3 7 7 3 4 4 4 0
3 0 7 0 7 4 6 9 2 1 1 2 0 1 9
1 3 0 2 0 3 3 0 3 8 0 1 9 7 6
```

```
2 1 1 0 1 1 0 0 4 4 9 2 9 3 2
1 5 1 6 0 8 4 2 4 4 4 8 5 9 6
3 7 6 6 9 8 3 8 9 5 2 2 8 6 8
4 7 8 3 1 2 3 5 5 2 6 5 8 2 1
3 1 4 4 9 5 7 6 8 5 7 2 6 2 4
3 3 4 4 1 8 9 3 0 3 9 6 8 6 4
2 6 2 4 3 4 1 0 7 7 3 2 2 6 9
7 8 0 2 8 0 7 3 1 8 9 1 5 4 4
1 1 0 1 0 4 4 6 8 2 3 2 5 2 7
1 6 2 0 1 0 5 2 6 5 2 2 7 2 1
1 1 6 6 0 3 9 6 6 6 5 5 7 3 0
9 2 5 4 7 1 1 0 5 5 7 8 5 3 7
6 3 4 6 6 8 2 0 6 5 3 1 0 9 8
9 6 5 2 6 9 1 8 6 2 0 5 6 4 7
6 9 3 1 2 5 7 0 5 8 6 3 5 6 6
```

```
2 0 1 8 5 5 8 1 0 0 7 2 9 3 6
0 6 5 9 8 7 6 4 8 6 1 1 7 9 1
0 4 5 3 3 4 8 8 5 0 3 4 6 1 1
3 6 5 7 6 8 6 7 5 3 2 4 9 4 4
1 6 6 8 0 3 9 6 2 6 5 7 9 7 8
7 7 1 8 5 5 6 0 8 4 5 5 2 9 6
5 4 1 2 6 6 5 4 0 8 5 3 0 6 1
4 3 4 4 4 3 1 8 5 8 6 7 6 9 7
5 1 4 5 6 6 1 4 0 6 8 0 0 7 0
0 2 3 7 8 7 7 6 5 9 1 3 4 4 0
1 7 1 2 7 4 9 4 7 0 4 2 0 5 6
2 2 3 0 5 3 8 9 9 4 5 6 1 3 1
4 0 7 1 1 2 7 0 0 0 4 0 7 8 5
4 7 3 3 2 6 9 9 3 9 0 8 1 4 5
4 6 6 4 6 4 5 8 8 0 7 9 7 2 7
```

```
0 8 2 6 6 8 3 0 6 3 4 3 2 8 5
8 7 8 5 6 9 8 3 0 5 2 3 5 8 0
8 9 3 3 0 6 5 7 5 7 4 0 6 7 9
5 4 5 7 1 6 3 7 7 5 2 5 4 2 0
2 1 1 4 9 5 5 7 6 1 5 8 1 4 0
0 2 5 0 1 2 6 2 2 8 5 9 4 1 3
0 2 1 6 4 7 1 5 5 0 9 7 9 2 5
9 2 3 0 9 9 0 7 9 6 5 4 7 3 7
6 1 2 5 5 1 7 6 5 6 7 5 1 3 5
7 5 1 7 8 2 9 6 6 6 4 5 4 7 7
9 1 7 4 5 0 1 1 2 9 9 6 1 4 8
9 0 3 0 4 6 3 9 4 7 1 3 2 9
6 2 1 0 7 3 4 0 4 3 7 5 1 8 9
5 7 3 5 9 6 1 4 5 8 9 0 1 9 3
8 9 7 1 3 1 1 1 7 9 0 4 2 9 7
```

```
8 2 8 5 6 4 7 5 0 3 2 0 3 1 9
8 6 9 1 5 1 4 0 2 8 7 0 8 0 8
5 9 9 0 4 8 0 1 0 9 4 1 2 1 4
7 2 2 1 3 1 7 9 4 7 6 4 7 7 7
2 6 2 2 4 1 4 2 5 4 8 5 4 5 4
0 3 3 2 1 5 7 1 8 5 3 0 6 1 4
2 2 8 8 1 3 7 5 8 5 0 4 3 0 6
3 3 2 1 7 5 1 8 2 9 7 9 8 6 6
2 2 3 7 1 7 2 1 5 9 1 6 0 7 7
1 6 6 9 2 5 4 7 4 8 7 3 8 9 8
6 6 5 4 9 4 9 4 5 0 1 1 4 6 5
4 0 6 2 8 4 3 3 6 6 3 9 3 7 9
0 0 3 9 7 6 9 2 6 5 6 7 2 1 4
6 3 8 5 3 0 6 7 3 6 0 9 6 5 7
1 2 0 9 1 8 0 7 6 3 8 3 2 7 1
```

```
6  6  4  1  6  2  7  4  8  8  8  8  0  0  7
8  6  9  2  5  6  0  2  9  0  2  2  8  4  7
2  1  0  4  0  3  1  7  2  1  1  8  6  0  8
2  0  4  1  9  0  0  0  4  2  2  9  6  6  1
7  1  1  9  6  3  7  7  9  2  1  3  3  7  5
7  5  1  1  4  9  5  9  5  0  1  5  6  6  0
4  9  6  3  1  8  6  2  9  4  7  2  6  5  4
7  3  6  4  2  5  2  3  0  8  1  7  7  0  3
6  7  5  1  5  9  0  6  7  3  5  0  2  3  5
0  7  2  8  3  5  4  0  5  6  7  0  4  0  3
8  6  7  4  3  5  1  3  6  2  2  2  2  4  7
7  1  5  8  9  1  5  0  4  9  5  3  0  9  8
4  4  4  8  9  3  3  3  0  9  6  3  4  0  8
7  8  0  7  6  9  3  2  5  9  9  3  9  7  8
0  5  4  1  9  3  4  1  4  4  7  3  7  7  4
```

```
4 1 8 4 2 6 3 1 2 9 8 6 0 8 0
9 9 8 8 8 6 8 7 4 1 3 2 6 0 4
7 2 1 5 6 9 5 1 6 2 3 9 6 5 8
6 4 5 7 3 0 2 1 6 3 1 5 9 8 1
9 3 1 9 5 1 6 7 3 5 3 8 1 2 9
7 4 1 6 7 7 2 9 4 7 8 6 7 2 4
2 2 9 2 4 6 5 4 3 6 6 8 0 0 9
8 0 6 7 6 9 2 8 2 3 8 2 8 0 6
8 9 9 6 4 0 0 4 8 2 4 3 5 4 0
3 7 0 1 4 1 6 3 1 4 9 6 5 8 9
7 9 4 0 9 2 4 3 2 3 7 8 9 6 9
0 7 0 6 9 7 7 9 4 2 2 3 6 2 5
0 8 2 2 1 6 8 8 9 5 7 3 8 3 7
9 8 6 2 3 0 0 1 5 9 3 7 7 6 4
7 1 6 5 1 2 2 8 9 3 5 7 8 6 0
```

```
1 5 8 8 1 6 1 7 5 5 7 8 2 9 7
3 5 2 3 3 4 4 6 0 4 2 8 1 5 1
2 6 2 7 2 0 3 7 3 4 3 1 4 6 5
3 1 9 7 7 7 7 4 1 6 0 3 1 9 9
0 6 6 5 5 4 1 8 7 6 3 9 7 9 2
9 3 3 4 4 1 9 5 2 1 5 4 1 3 4
1 8 9 9 4 8 5 4 4 4 7 3 4 5 6
7 3 8 3 1 6 2 4 9 9 3 4 1 9 1
3 1 8 1 4 8 0 9 2 7 7 7 7 1 0
3 8 6 3 8 7 7 3 4 3 1 7 7 2 0
7 5 4 5 6 5 4 5 3 2 2 0 7 7 7
0 9 2 1 2 0 1 9 0 5 1 6 6 0 9
6 2 8 0 4 9 0 9 2 6 3 6 0 1 9
7 5 9 8 8 2 8 1 6 1 3 3 2 3 1
6 6 6 3 6 5 2 8 6 1 9 3 2 6 6
```

```
8 6 3 3 6 0 6 2 7 3 5 6 7 6 3
0 3 5 4 4 7 7 6 2 8 0 3 5 0 4
5 0 7 7 7 2 3 5 5 4 7 1 0 5 8
5 9 5 4 8 7 0 2 7 9 0 8 1 4 3
5 6 2 4 0 1 4 5 1 7 1 8 0 6 2
4 6 4 3 6 2 6 7 9 4 5 6 1 2 7
5 3 1 8 1 3 4 0 7 8 3 3 0 3 3
6 2 5 4 2 3 2 7 8 3 9 4 4 9 7
5 3 8 2 4 3 7 2 0 5 8 3 5 3 1
1 4 7 7 1 1 9 9 2 6 0 6 3 8 1
3 3 4 6 7 7 6 8 7 9 6 9 5 9 7
0 3 0 9 8 3 3 9 1 3 0 7 7 1 0
9 8 7 0 4 0 8 5 9 1 3 3 7 4 6
4 1 4 4 2 8 2 2 7 7 2 6 3 4 6
5 9 4 7 0 4 7 4 5 8 7 8 4 7 7
```

```
8 7 2 0 1 9 2 7 7 1 5 2 8 0 7
3 1 7 6 7 9 0 7 7 0 7 1 5 7 2
1 3 4 4 4 7 3 0 6 0 5 7 0 0 7
3 3 4 9 2 4 3 6 9 3 1 1 3 8 3
5 0 4 9 3 1 6 3 1 2 8 4 0 4 2
5 1 2 1 9 2 5 6 5 1 7 9 8 0 6
9 4 1 1 3 5 2 8 0 1 3 1 4 7 0
1 3 0 4 7 8 1 6 4 3 7 8 8 5 1
8 5 2 9 0 9 2 8 5 4 5 2 0 1 1
6 5 8 3 9 3 4 1 9 6 5 6 2 1 3
4 9 1 4 3 4 1 5 9 5 6 2 5 8 6
5 8 6 5 5 7 0 5 5 2 6 9 0 4 9
6 5 2 0 9 8 5 8 0 3 3 8 5 0 7
2 2 4 2 6 4 8 2 9 3 9 7 2 8 5
8 4 7 8 3 1 6 3 0 5 7 7 7 7 5
```

6 0 6 8 8 8 7 6 4 4 6 2 4 8 2
4 6 8 5 7 9 2 6 0 3 9 5 3 5 2
7 7 3 4 8 0 3 0 4 8 0 2 9 0 0
5 8 7 6 0 7 5 8 2 5 1 0 4 7 4
7 0 9 1 6 4 3 9 6 1 3 6 2 6 7
6 0 4 4 9 2 5 6 2 7 4 2 0 4 2
0 8 3 2 0 8 5 6 6 1 1 9 0 6 2
5 4 5 4 3 3 7 2 1 3 1 5 3 5 9
5 8 4 5 0 6 8 7 7 2 4 6 0 2 9
0 1 6 1 8 7 6 6 7 9 5 2 4 0 6
1 6 3 4 2 5 2 2 5 7 7 1 9 5 4
2 9 1 6 2 9 9 1 9 3 0 6 4 5 5
3 7 7 9 9 1 4 0 3 7 3 4 0 4 3
2 8 7 5 2 6 2 8 8 8 9 6 3 9 9
5 8 7 9 4 7 5 7 2 9 1 7 4 6 4

```
2 6 3 5 7 4 5 5 2 5 4 0 7 9 0
9 1 4 5 1 3 5 7 1 1 1 3 6 9 4
1 0 9 1 1 9 3 9 3 2 5 1 9 1 0
7 6 0 2 0 8 2 5 2 0 2 6 1 8 7
9 8 5 3 1 8 8 7 7 0 5 8 4 2 9
7 2 5 9 1 6 7 7 8 1 3 1 4 9 6
9 9 0 0 9 0 1 9 2 1 1 6 9 7 1
7 3 7 2 7 8 4 7 6 8 4 7 2 6 8
6 0 8 4 9 0 0 3 3 7 7 0 2 4 2
4 2 9 1 6 5 1 3 0 0 5 0 0 5 1
6 8 3 2 3 3 6 4 3 5 0 3 8 9 5
1 7 0 2 9 8 9 3 9 2 2 3 3 4 5
1 7 2 2 0 1 3 8 1 2 8 0 6 9 6
5 0 1 1 7 8 4 4 0 8 7 4 5 1 9
6 0 1 2 1 2 2 8 5 9 9 3 7 1 6
```

Exercise Number 24

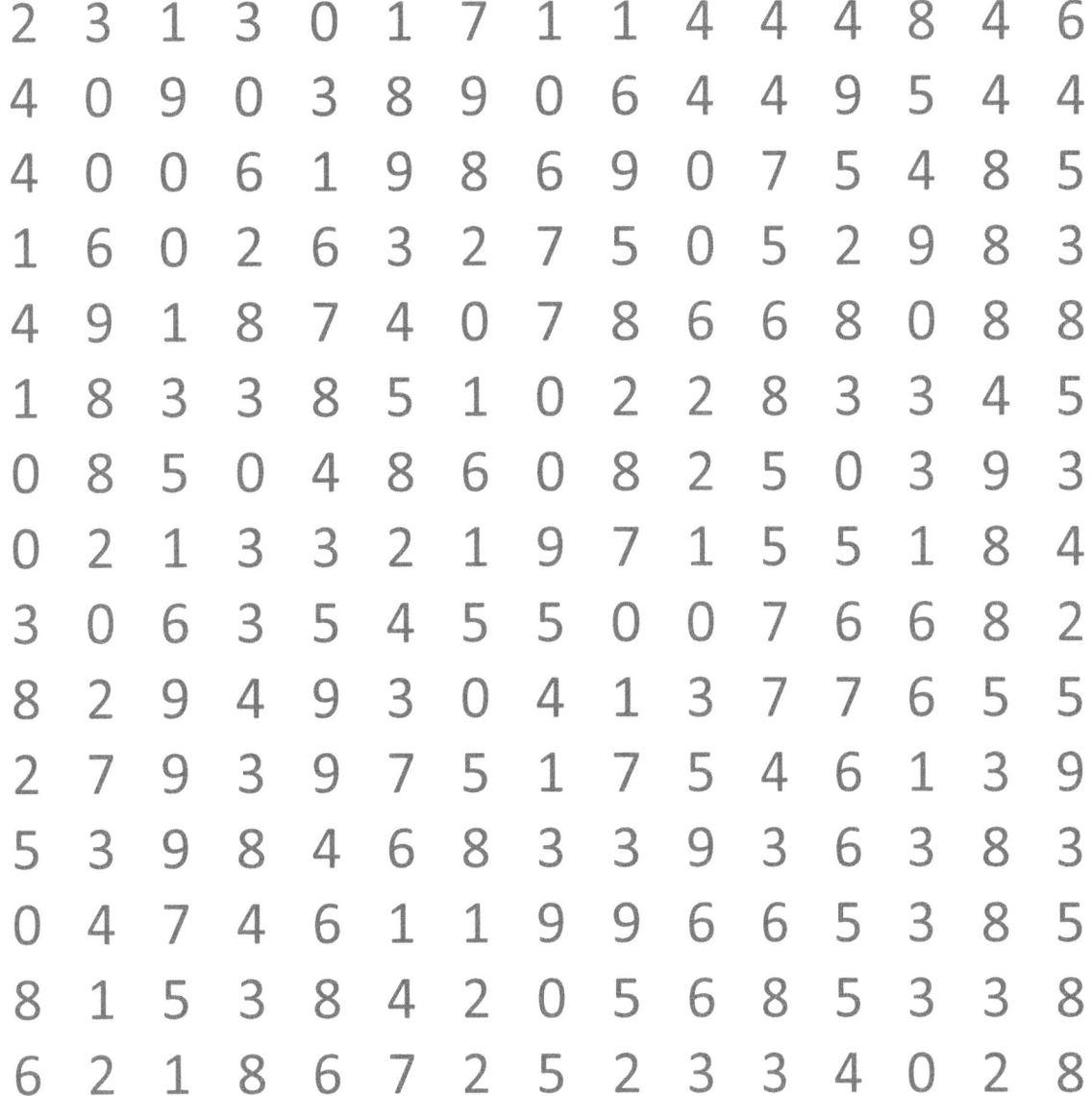

```
2 3 1 3 0 1 7 1 1 4 4 4 8 4 6
4 0 9 0 3 8 9 0 6 4 4 9 5 4 4
4 0 0 6 1 9 8 6 9 0 7 5 4 8 5
1 6 0 2 6 3 2 7 5 0 5 2 9 8 3
4 9 1 8 7 4 0 7 8 6 6 8 0 8 8
1 8 3 3 8 5 1 0 2 2 8 3 3 4 5
0 8 5 0 4 8 6 0 8 2 5 0 3 9 3
0 2 1 3 3 2 1 9 7 1 5 5 1 8 4
3 0 6 3 5 4 5 5 0 0 7 6 6 8 2
8 2 9 4 9 3 0 4 1 3 7 7 6 5 5
2 7 9 3 9 7 5 1 7 5 4 6 1 3 9
5 3 9 8 4 6 8 3 3 9 3 6 3 8 3
0 4 7 4 6 1 1 9 9 6 6 5 3 8 5
8 1 5 3 8 4 2 0 5 6 8 5 3 3 8
6 2 1 8 6 7 2 5 2 3 3 4 0 2 8
```

3 0 8 7 1 1 2 3 2 8 2 7 8 9 2
1 2 5 0 7 7 1 2 6 2 9 4 6 3 2
2 9 5 6 3 9 8 9 8 9 8 9 3 5 8
2 1 1 6 7 4 5 6 2 7 0 1 0 2 1
8 3 5 6 4 6 2 2 0 1 3 4 9 6 7
1 5 1 8 8 1 9 0 9 7 3 0 3 8 1
1 9 8 0 0 4 9 7 3 4 0 7 2 3 9
6 1 0 3 6 8 5 4 0 6 6 4 3 1 9
3 9 5 0 9 7 9 0 1 9 0 6 9 9 6
3 9 5 5 2 4 5 3 0 0 5 4 5 0 5
8 0 6 8 5 5 0 1 9 5 6 7 3 0 2
2 9 2 1 9 1 3 9 3 3 9 1 8 5 6
8 0 3 4 4 9 0 3 9 8 2 0 5 9 5
5 1 0 0 2 2 6 3 5 3 5 3 6 1 9
2 0 4 1 9 9 4 7 4 5 5 3 8 5 9

Exercise Number

3 8 1 0 2 3 4 3 9 5 5 4 4 9 5
9 7 7 8 3 7 7 9 0 2 3 7 4 2 1
6 1 7 2 7 1 1 1 7 2 3 6 4 3 4
3 5 4 3 9 4 7 8 2 2 1 8 1 8 5
2 8 6 2 4 0 8 5 1 4 0 0 6 6 6
0 4 4 3 3 2 5 8 8 8 5 6 9 8 6
7 0 5 4 3 1 5 4 7 0 6 9 6 5 7
4 7 4 5 8 5 5 0 3 3 2 3 2 3 3
4 2 1 0 7 3 0 1 5 4 5 9 4 0 5
1 6 5 5 3 7 9 0 6 8 6 6 2 7 3
3 3 7 9 9 5 8 5 1 1 5 6 2 5 7
8 4 3 2 2 9 8 8 2 7 3 7 2 3 1
9 8 9 8 7 5 7 1 4 1 5 9 5 7 8
1 1 1 9 6 3 5 8 3 3 0 0 5 9 4
0 8 7 3 0 6 8 1 2 1 6 0 2 8 7

```
6 4 9 6 2 8 6 7 4 4 6 0 4 7 7
4 6 4 9 1 5 9 9 5 0 5 4 9 7 3
7 4 2 5 6 2 6 9 0 1 0 4 9 0 3
7 7 8 1 9 8 6 8 3 5 9 3 8 1 4
6 5 7 4 1 2 6 8 0 4 9 2 5 6 4
8 7 9 8 5 5 6 1 4 5 3 7 2 3 4
7 8 6 7 3 3 0 3 9 0 4 6 8 8 3
8 3 4 3 6 3 4 6 5 5 3 7 9 4 9
8 6 4 1 9 2 7 0 5 6 3 8 7 2 9
3 1 7 4 8 7 2 3 3 2 0 8 3 7 6
0 1 1 2 3 0 2 9 9 1 1 3 6 7 9
3 8 6 2 7 0 8 9 4 3 8 7 9 9 3
6 2 0 1 6 2 9 5 1 5 4 1 3 3 7
1 4 2 4 8 9 2 8 3 0 7 2 2 0 1
2 6 9 0 1 4 7 5 4 6 6 8 4 7 6
```

5 3 5 7 6 1 6 4 7 7 3 7 9 4 6
7 5 2 0 0 4 9 0 7 5 7 1 5 5 5
2 7 8 1 9 6 5 3 6 2 1 3 2 3 9
2 6 4 0 6 1 6 0 1 3 6 3 5 8 1
5 5 9 0 7 4 2 2 0 2 0 2 0 3 1
8 7 2 7 7 6 0 5 2 7 7 2 1 9 0
0 5 5 6 1 4 8 4 2 5 5 5 1 8 7
9 2 5 3 0 3 4 3 5 1 3 9 8 4 4
2 5 3 2 2 3 4 1 5 7 6 2 3 3 6
1 0 6 4 2 5 0 6 3 9 0 4 9 7 5
0 0 8 6 5 6 2 7 1 0 9 5 3 5 9
1 9 4 6 5 8 9 7 5 1 4 1 3 1 0
3 4 8 2 2 7 6 9 3 0 6 2 4 7 4
3 5 3 6 3 2 5 6 9 1 6 0 7 8 1
5 4 7 8 1 8 1 1 5 2 8 4 3 6 6

```
7  9  5  7  0  6  1  1  0  8  6  1  5  3  3
1  5  0  4  4  5  2  1  2  7  4  7  3  9  2
4  5  4  4  9  4  5  4  2  3  6  8  2  8  8
6  0  6  1  3  4  0  8  4  1  4  8  6  3  7
7  6  7  0  0  9  6  1  2  0  7  1  5  1  2
4  9  1  4  0  4  3  0  2  7  2  5  3  8  6
0  7  6  4  8  2  3  6  3  4  1  4  3  3  4
6  2  3  5  1  8  9  7  5  7  6  6  4  5  2
1  6  4  1  3  7  6  7  9  6  9  0  3  1  4
9  5  0  1  9  1  0  8  5  7  5  9  8  4  4
2  3  9  1  9  8  6  2  9  1  6  4  2  1  9
3  9  9  4  9  0  7  2  3  6  2  3  4  6  4
6  8  4  4  1  1  7  3  9  4  0  3  2  6  5
9  1  8  4  0  4  4  3  7  8  0  5  1  3  3
3  8  9  4  5  2  5  7  4  2  3  9  9  5  0
```

```
8 2 9 6 5 9 1 2 2 8 5 0 8 5 5
5 8 2 1 5 7 2 5 0 3 1 0 7 1 2
5 7 0 1 2 6 6 8 3 0 2 4 0 2 9
2 9 5 2 5 2 2 0 1 1 8 7 2 6 7
6 7 5 6 2 2 0 4 1 5 4 2 0 5 1
6 1 8 4 1 6 3 4 8 4 7 5 6 5 1
6 9 9 9 8 1 1 6 1 4 1 0 1 0 0
2 9 9 6 0 7 8 3 8 6 9 0 9 2 9
1 6 0 3 0 2 8 8 4 0 0 2 6 9 1
0 4 1 4 0 7 9 2 8 8 6 2 1 5 0
7 8 4 2 4 5 1 6 7 0 9 0 8 7 0
0 0 6 9 9 2 8 2 1 2 0 6 6 0 4
1 8 3 7 1 8 0 6 5 3 5 5 6 7 2
5 2 5 3 2 5 6 7 5 3 2 8 6 1 2
9 1 0 4 2 4 8 7 7 6 1 8 2 5 8
```

```
9 2 0 9 6 2 8 2 9 2 5 4 0 9 1
7 1 5 3 6 4 3 6 7 8 9 2 5 9 0
3 6 0 0 1 1 3 3 0 5 3 0 5 4 8
8 2 0 4 6 6 5 2 1 3 8 4 1 4 6
9 5 1 9 4 1 5 1 1 6 0 9 4 3 3
0 5 7 2 7 0 3 6 5 7 5 9 5 9 1
9 5 3 0 9 2 1 8 6 1 1 7 3 8 1
9 3 2 6 1 1 7 9 3 1 0 5 1 1 8
5 4 8 0 7 4 4 6 2 3 7 9 9 6 2
7 4 9 5 6 7 3 5 1 8 8 5 7 5 2
7 2 4 8 9 1 2 2 7 9 3 8 1 8 3
0 1 1 9 4 9 1 2 9 8 3 3 6 7 3
3 6 2 4 4 0 6 5 6 6 4 3 0 8 6
0 2 1 3 9 4 9 4 6 3 9 5 2 2 4
7 3 7 1 9 0 7 0 2 1 7 9 8 6 0
```

```
1 4 9 6 5 5 8 3 4 3 4 3 4 7 6
9 3 3 8 5 7 8 1 7 1 1 3 8 6 4
5 5 8 7 3 6 7 8 1 2 3 0 1 4 5
8 7 6 8 7 1 2 6 6 0 3 4 8 9 1
3 9 0 9 5 6 2 0 0 9 9 3 9 3 6
1 0 3 1 0 2 9 1 6 1 6 1 5 2 8
8 1 3 8 4 3 7 9 0 9 9 0 4 2 3
1 7 4 7 3 3 6 3 9 4 8 0 4 5 7
5 9 3 1 4 9 3 1 4 0 5 2 9 7 6
3 4 7 5 7 4 8 1 1 9 3 5 6 7 0
9 1 1 0 1 3 7 7 5 1 7 2 1 0 0
8 0 3 1 5 5 9 0 2 4 8 5 3 0 9
0 6 6 9 2 0 3 7 6 7 1 9 2 2 0
3 3 2 2 9 0 9 4 3 3 4 6 7 6 8
5 1 4 2 2 1 4 4 7 7 3 7 9 3 9
```

```
3  7  5  1  7  0  3  4  4  3  6  6  1  9  9
1  0  4  0  3  3  7  5  1  1  1  7  3  5  4
7  1  9  1  8  5  5  0  4  6  4  4  9  0  2
6  3  6  5  5  1  2  8  1  6  2  2  8  8  2
4  4  6  2  5  7  5  9  1  6  3  3  3  0  3
9  1  0  7  2  2  5  3  8  3  7  4  2  1  8
2  1  4  0  8  8  3  5  0  8  6  5  7  3  9
1  7  7  1  5  0  9  6  8  2  8  8  7  4  7
8  2  6  5  6  9  9  5  9  9  5  7  4  4  9
0  6  6  1  7  5  8  3  4  4  1  3  7  5  2
2  3  9  7  0  9  6  8  3  4  0  8  0  0  5
3  5  5  9  8  4  9  1  7  5  4  1  7  3  8
1  8  8  3  9  9  9  4  4  6  9  7  4  8  6
7  6  2  6  5  5  1  6  5  8  2  7  6  5  8
4  8  3  5  8  8  4  5  3  1  4  2  7  7  5
```

```
6  8  7  9  0  0  2  9  0  9  5  1  7  0  2
8  3  5  2  9  7  1  6  3  4  4  5  6  2  1
2  9  6  4  0  4  3  5  2  3  1  1  7  6  0
0  6  6  5  1  0  1  2  4  1  2  0  0  6  5
9  7  5  5  8  5  1  2  7  6  1  7  8  5  8
3  8  2  9  2  0  4  1  9  7  4  8  4  4  2
3  6  0  8  0  0  7  1  9  3  0  4  5  7  6
1  8  9  3  2  3  4  9  2  2  9  2  7  9  6
5  0  1  9  8  7  5  1  8  7  2  1  2  7  2
6  7  5  0  7  9  8  1  2  5  5  4  7  0  9
5  8  9  0  4  5  5  6  3  5  7  9  2  1  2
2  1  0  3  3  3  4  6  6  9  7  4  9  9  2
3  5  6  3  0  2  5  4  9  4  7  8  0  2  4
9  0  1  1  4  1  9  5  2  1  2  3  8  2  8
1  5  3  0  9  1  1  4  0  7  9  0  7  3  8
```

```
6 0 2 5 1 5 2 2 7 4 2 9 9 5 8
1 8 0 7 2 4 7 1 6 2 5 9 1 6 6
8 5 4 5 1 3 3 3 1 2 3 9 4 8 0
4 9 4 7 0 7 9 1 1 9 1 5 3 2 6
7 3 4 3 0 2 8 2 4 4 1 8 6 0 4
1 4 2 6 3 6 3 9 5 4 8 0 0 0 4
4 8 0 0 2 6 7 0 4 9 6 2 4 8 2
0 1 7 9 2 8 9 6 4 7 6 6 9 7 5
8 3 1 8 3 2 7 1 3 1 4 2 5 1 7
0 2 9 6 9 2 3 4 8 8 9 6 2 7 6
6 8 4 4 0 3 2 3 2 6 0 9 2 7 5
2 4 9 6 0 3 5 7 9 9 6 4 6 9 2
5 6 5 0 4 9 3 6 8 1 8 3 6 0 9
0 0 3 2 3 8 0 9 2 9 3 4 5 9 5
8 8 9 7 0 6 9 5 3 6 5 3 4 9 4
```

```
0 6 0 3 4 0 2 1 6 6 5 4 4 3 7
5 5 8 9 0 0 4 5 6 3 2 8 8 2 2
5 0 5 4 5 2 5 5 6 4 0 5 6 4 4
8 2 4 6 5 1 5 1 8 7 5 4 7 1 1
9 6 2 1 8 4 4 3 9 6 5 8 2 5 3
3 7 5 4 3 8 8 5 6 9 0 9 4 1 1
3 0 3 1 5 0 9 5 2 6 1 7 9 3 7
8 0 0 2 9 7 4 1 2 0 7 6 6 5 1
4 7 9 3 9 4 2 5 9 0 2 9 8 9 6
9 5 9 4 6 9 9 5 5 6 5 7 6 1 2
1 8 6 5 6 1 9 6 7 3 3 7 8 6 2
3 6 2 5 6 1 2 5 2 1 6 3 2 0 8
6 2 8 6 9 2 2 2 1 0 3 2 7 4 8
8 9 2 1 8 6 5 4 3 6 4 8 0 2 2
9 6 7 8 0 7 0 5 7 6 5 6 1 5 1
```

```
4  4  6  3  2  0  4  6  9  2  7  9  0  6  8
2  1  2  0  7  3  8  8  3  7  7  8  1  4  2
3  3  5  6  2  8  2  3  6  0  8  9  6  3  2
0  8  0  6  8  2  2  2  4  6  8  0  1  2  2
4  8  2  6  1  1  7  7  1  8  5  8  9  6  3
8  1  4  0  9  1  8  3  9  0  3  6  7  3  6
7  2  2  2  0  8  8  8  3  2  1  5  1  3  7
5  5  6  0  0  3  7  2  7  9  8  3  9  4  0
0  4  1  5  2  9  7  0  0  2  8  7  8  3  0
7  6  6  7  0  9  4  4  4  7  4  5  6  0  1
3  4  5  5  6  4  1  7  2  5  4  3  7  0  9
0  6  9  7  9  3  9  6  1  2  2  5  7  1  4
2  9  8  9  4  6  7  1  5  4  3  5  7  8  4
6  8  7  8  8  6  1  4  4  4  5  8  1  2  3
1  4  5  9  3  5  7  1  9  8  4  9  2  2  5
```

```
2 8 4 7 1 6 0 5 0 4 9 2 2 1 2
4 2 4 7 0 1 4 1 2 1 4 7 8 0 5
7 3 4 5 5 1 0 5 0 0 8 0 1 9 0
8 6 9 9 6 0 3 3 0 2 7 6 3 4 7
8 7 0 8 1 0 8 1 7 5 4 5 0 1 1
9 3 0 7 1 4 1 2 2 3 3 9 0 8 6
6 3 9 3 8 3 3 9 5 2 9 4 2 5 7
8 6 9 0 5 0 7 6 4 3 1 0 0 6 3
8 3 5 1 9 8 3 4 3 8 9 3 4 1 5
9 6 1 3 1 8 5 4 3 4 7 5 4 6 4
9 5 5 6 9 7 8 1 0 3 8 2 9 3 0
9 7 1 6 4 6 5 1 4 3 8 4 0 7 0
0 7 0 7 3 6 0 4 1 1 2 3 7 3 5
9 9 8 4 3 4 5 2 2 5 1 6 1 0 5
0 7 0 2 7 0 5 6 2 3 5 2 6 6 0
```

```
1 2 7 6 4 8 4 8 3 0 8 4 0 7 6
1 1 8 3 0 1 3 0 5 2 7 9 3 2 0
5 4 2 7 4 6 2 8 6 5 4 0 3 6 0
3 6 7 4 5 3 2 8 6 5 1 0 5 7 0
6 5 8 7 4 8 8 2 2 5 6 9 8 1 5
7 9 3 6 7 8 9 7 6 6 9 7 4 2 2
0 5 7 5 0 5 9 6 8 3 4 4 0 8 6
9 7 3 5 0 2 0 1 4 1 0 2 0 6 7
2 3 5 8 5 0 2 0 0 7 2 4 5 2 2
5 6 3 2 6 5 1 3 4 1 0 5 5 9 2
4 0 1 9 0 2 7 4 2 1 6 2 4 8 4
3 9 1 4 0 3 5 9 9 8 9 5 3 5 3
9 4 5 9 0 9 4 4 0 7 0 4 6 9 1
2 0 9 1 4 0 9 3 8 7 0 0 1 2 6
4 5 6 0 0 1 6 2 3 7 4 2 8 8 0
```

```
2  1  0  9  2  7  6  4  5  7  9  3  1  0  6
5  7  9  2  2  9  5  5  2  4  9  8  8  7  2
7  5  8  4  6  1  0  1  2  6  4  8  3  6  9
9  9  8  9  2  2  5  6  9  5  9  6  8  8  1
5  9  2  0  5  6  0  0  1  0  1  6  5  5  2
5  6  3  7  5  6  7  8  5  6  6  7  2  2  7
9  6  6  1  9  8  8  5  7  8  2  7  9  4  8
4  8  8  5  5  8  3  4  3  9  7  5  1  8  7
4  4  5  4  5  5  1  2  9  6  5  6  3  4  4
3  4  8  0  3  9  6  6  4  2  0  5  5  7  9
8  2  9  3  6  8  0  4  3  5  2  2  0  2  7
7  0  9  8  4  2  9  4  2  3  2  5  3  3  0
2  2  5  7  6  3  4  1  8  0  7  0  3  9  4
7  6  9  9  4  1  5  9  7  9  1  5  9  4  5
3  0  0  6  9  7  5  2  1  4  8  2  9  3  3
```

```
6 6 5 5 5 6 6 1 5 6 7 8 7 3 6
4 0 0 5 3 6 6 6 5 6 4 1 6 5 4
7 3 2 1 7 0 4 3 9 0 3 5 2 1 3
2 9 5 4 3 5 2 9 1 6 9 4 1 4 5
9 9 0 4 1 6 0 8 7 5 3 2 0 1 8
6 8 3 7 9 3 7 0 2 3 4 8 8 8 6
8 9 4 7 9 1 5 1 0 7 1 6 3 7 8
5 2 9 0 2 3 4 5 2 9 2 4 4 0 7
7 3 6 5 9 4 9 5 6 3 0 5 1 0 0
7 4 2 1 0 8 7 1 4 2 6 1 3 4 9
7 4 5 9 5 6 1 5 1 3 8 4 9 8 7
1 3 7 5 7 0 4 7 1 0 1 7 8 7 9
5 7 3 1 0 4 2 2 9 6 9 0 6 6 6
7 0 2 1 4 4 9 8 6 3 7 4 6 4 5
9 5 2 8 0 8 2 4 3 6 9 4 4 5 7
```

8 9 7 7 2 3 3 0 0 4 8 7 6 4 7
6 5 2 4 1 3 3 9 0 7 5 9 2 0 4
3 4 0 1 9 6 3 4 0 3 9 1 1 4 7
3 2 0 2 3 3 8 0 7 1 5 0 9 5 2
2 2 0 1 0 6 8 2 5 6 3 4 2 7 4
7 1 6 4 6 0 2 4 3 3 5 4 4 0 0
5 1 5 2 1 2 6 6 9 3 2 4 9 3 4
1 9 6 7 3 9 7 7 0 4 1 5 9 5 6
8 3 7 5 3 5 5 5 1 6 6 7 3 0 2
7 3 9 0 0 7 4 9 7 2 9 7 3 6 3
5 4 9 6 4 5 3 3 2 8 8 8 6 9 8
4 4 0 6 1 1 9 6 4 9 6 1 6 2 7
7 3 4 4 9 5 1 8 2 7 3 6 9 5 5
8 8 2 2 0 7 5 7 3 5 5 1 7 6 6
5 1 5 8 9 8 5 5 1 9 0 9 8 6 6

Exercise Number 43:

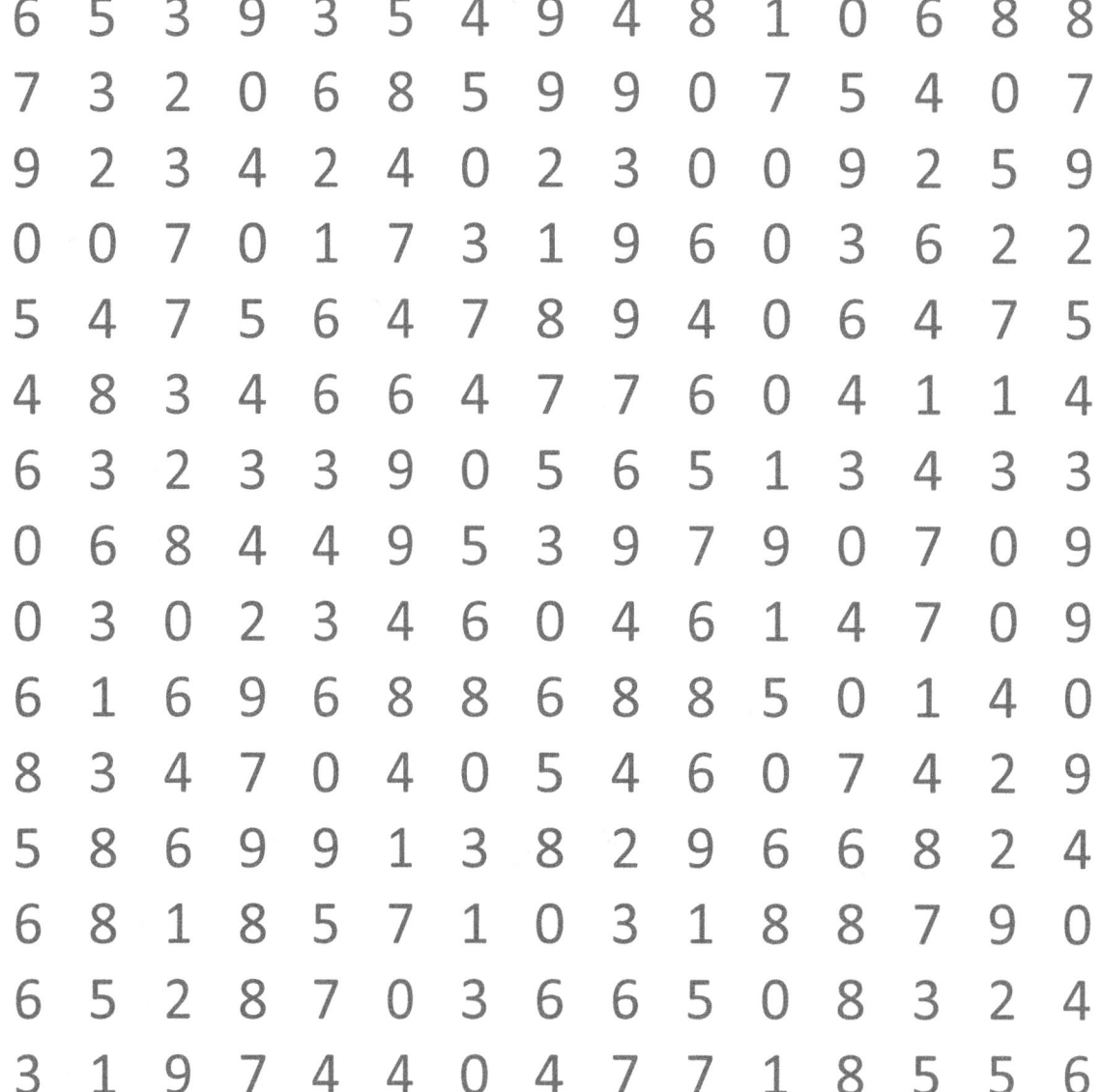

```
6 5 3 9 3 5 4 9 4 8 1 0 6 8 8
7 3 2 0 6 8 5 9 9 0 7 5 4 0 7
9 2 3 4 2 4 0 2 3 0 0 9 2 5 9
0 0 7 0 1 7 3 1 9 6 0 3 6 2 2
5 4 7 5 6 4 7 8 9 4 0 6 4 7 5
4 8 3 4 6 6 4 7 7 6 0 4 1 1 4
6 3 2 3 3 9 0 5 6 5 1 3 4 3 3
0 6 8 4 4 9 5 3 9 7 9 0 7 0 9
0 3 0 2 3 4 6 0 4 6 1 4 7 0 9
6 1 6 9 6 8 8 6 8 8 5 0 1 4 0
8 3 4 7 0 4 0 5 4 6 0 7 4 2 9
5 8 6 9 9 1 3 8 2 9 6 6 8 2 4
6 8 1 8 5 7 1 0 3 1 8 8 7 9 0
6 5 2 8 7 0 3 6 6 5 0 8 3 2 4
3 1 9 7 4 4 0 4 7 7 1 8 5 5 6
```

```
7 8 9 3 4 8 2 3 0 8 9 4 3 1 0
6 8 2 8 7 0 2 7 2 2 8 0 9 7 3
6 2 4 8 0 9 3 9 9 6 2 7 0 6 0
7 4 7 2 6 4 5 5 3 9 9 2 5 3 9
9 4 4 2 8 0 8 1 1 3 7 3 6 9 4
3 3 8 8 7 2 9 4 0 6 3 0 7 9 2
6 1 5 9 5 9 9 5 4 6 2 6 2 4 6
2 9 7 0 7 0 6 2 5 9 4 8 4 5 5
6 9 0 3 4 7 1 1 9 7 2 9 9 6 4
0 9 0 8 9 4 1 8 0 5 9 5 3 4 3
9 3 2 5 1 2 3 6 2 3 5 5 0 8 1
3 4 9 4 9 0 0 4 3 6 4 2 7 8 5
2 7 1 3 8 3 1 5 9 1 2 5 6 8 9
8 9 2 9 5 1 9 6 4 2 7 2 8 7 5
7 3 9 4 6 9 1 4 2 7 2 5 3 4 3
```

```
6  6  9  4  1  5  3  2  3  6  1  0  0  4  5
3  7  3  0  4  8  8  1  9  8  5  5  1  7  0
6  5  9  4  1  2  1  7  3  5  2  4  6  2  5
8  9  5  4  8  7  3  0  1  6  7  6  0  0  2
9  8  8  6  5  9  2  5  7  8  6  6  2  8  5
6  1  2  4  9  6  6  5  5  2  3  5  3  3  8
2  9  4  2  8  7  8  5  4  2  5  3  4  0  4
8  3  0  8  3  3  0  7  0  1  6  5  3  7  2
2  8  5  6  3  5  5  9  1  5  2  5  3  4  7
8  4  4  5  9  8  1  8  3  1  3  4  1  1  2
9  0  0  1  9  9  9  2  0  5  9  8  1  3  5
2  2  0  5  1  1  7  3  3  6  5  8  5  6  4
0  7  8  2  6  4  8  4  9  4  2  7  6  4  4
1  1  3  7  6  3  9  3  8  6  6  9  2  4  8
0  3  1  1  8  3  6  4  4  5  3  6  9  8  5
```

```
8 9 1 7 5 4 4 2 6 4 7 3 9 9 8
8 2 2 8 4 6 2 1 8 4 4 9 0 0 8
7 7 7 6 9 7 7 6 3 1 2 7 9 5 7
2 2 6 7 2 6 5 5 5 6 2 5 9 6 2
8 2 5 4 2 7 6 5 3 1 8 3 0 0 1
3 4 0 7 0 9 2 2 3 3 4 3 6 5 7
7 9 1 6 0 1 2 8 0 9 3 1 7 9 4
0 1 7 1 8 5 9 8 5 9 9 9 3 3 8
4 9 2 3 5 4 9 5 6 4 0 0 5 7 0
9 9 5 5 8 5 6 1 1 3 4 9 8 0 2
5 2 4 9 9 0 6 6 9 8 4 2 3 3 0
1 7 3 5 0 3 5 8 0 4 4 0 8 1 1
6 8 5 5 2 6 5 3 1 1 7 0 9 9 5
7 0 8 9 9 4 2 7 3 2 8 7 0 9 2
5 8 4 8 7 8 9 4 4 3 6 4 6 0 0
```

```
5 0 4 1 0 8 9 2 2 6 6 9 1 7 8
3 5 2 5 8 7 0 7 8 5 9 5 1 2 9
8 3 4 4 1 7 2 9 5 3 5 1 9 5 3
7 8 8 5 5 3 4 5 7 3 7 4 2 6 0
8 5 9 0 2 9 0 8 1 7 6 5 1 5 5
7 8 0 3 9 0 5 9 4 6 4 0 8 7 3
5 0 6 1 2 3 2 2 6 1 1 2 0 0 9
3 7 3 1 0 8 0 4 8 5 4 8 5 2 6
3 5 7 2 2 8 2 5 7 6 8 2 0 3 4
1 6 0 5 0 4 8 4 6 6 2 7 7 5 0
4 5 0 0 3 1 2 6 2 0 0 8 0 0 7
9 9 8 0 4 9 2 5 4 8 5 3 4 6 9
4 1 4 6 9 7 7 5 1 6 4 9 3 2 7
0 9 5 0 4 9 3 4 6 3 9 3 8 2 4
3 2 2 2 7 1 8 8 5 1 5 9 7 4 0
```

```
5 4 7 0 2 1 4 8 2 8 9 7 1 1 1
7 7 7 9 2 3 7 6 1 2 2 5 7 8 8
7 3 4 7 7 1 8 8 1 9 6 8 2 5 4
6 2 9 8 1 2 6 8 6 8 5 8 1 7 0
5 0 7 4 0 2 7 2 5 5 0 2 6 3 3
2 9 0 4 4 9 7 6 2 7 7 8 9 4 4
2 3 6 2 1 6 7 4 1 1 9 1 8 6 2
6 9 4 3 9 6 5 0 6 7 1 5 1 5 7
7 9 5 8 6 7 5 6 4 8 2 3 9 9 3
9 1 7 6 0 4 2 6 0 1 7 6 3 3 8
7 0 4 5 4 9 9 0 1 7 6 1 4 3 6
4 1 2 0 4 6 9 2 1 8 2 3 7 0 7
6 4 8 8 7 8 3 4 1 9 6 8 9 6 8
6 1 1 8 1 5 5 8 1 5 8 7 3 6 0
6 2 9 3 8 6 0 3 8 1 0 1 7 1 2
```

```
1 5 8 5 5 2 7 2 6 6 8 3 0 0 8
2 3 8 3 4 0 4 6 5 6 4 7 5 8 8
0 4 0 5 1 3 8 0 8 0 1 6 3 3 6
3 8 8 7 4 2 1 6 3 7 1 4 0 6 4
3 5 4 9 5 5 6 1 8 6 8 9 6 4 1
1 2 2 8 2 1 4 0 7 5 3 3 0 2 6
5 5 1 0 0 4 2 4 1 0 4 8 9 6 7
8 3 5 2 8 5 8 8 2 9 0 2 4 3 6
7 0 9 0 4 8 8 7 1 1 8 1 9 0 9
0 9 4 9 4 5 3 3 1 4 4 2 1 8 2
8 7 6 6 1 8 1 0 3 1 0 0 7 3 5
4 7 7 0 5 4 9 8 1 5 9 6 8 0 7
7 2 0 0 9 4 7 4 6 9 6 1 3 4 3
6 0 9 2 8 6 1 4 8 4 9 4 1 7 8
5 0 1 7 1 8 0 7 7 9 3 0 6 8 1
```

0 8 5 4 6 9 0 0 0 9 4 4 5 8 9
9 5 2 7 9 4 2 4 3 9 8 1 3 9 2
1 3 5 0 5 5 8 6 4 2 2 1 9 6 4
8 3 4 9 1 5 1 2 6 3 9 0 1 2 8
0 3 8 3 2 0 0 1 0 9 7 7 3 8 6
8 0 6 6 2 8 7 7 9 2 3 9 7 1 8
0 1 4 6 1 3 4 3 2 4 4 5 7 2 6
4 0 0 9 7 3 7 4 2 5 7 0 0 7 3
5 9 2 1 0 0 3 1 5 4 1 5 0 8 9
3 6 7 9 3 0 0 8 1 6 9 9 8 0 5
3 6 5 2 0 2 7 6 0 0 7 2 7 7 4
9 6 7 4 5 8 4 0 0 2 8 3 6 2 4
0 5 3 4 6 0 3 7 2 6 3 4 1 6 5
5 4 2 5 9 0 2 7 6 0 1 8 3 4 8
4 0 3 0 6 8 1 1 3 8 1 8 5 5 1

```
0  5  9  7  9  7  0  5  6  6  4  0  0  7  5
0  9  4  2  6  0  8  7  8  8  5  7  3  5  7
9  6  0  3  7  3  2  4  5  1  4  1  4  6  7
8  6  7  0  3  6  8  8  0  9  8  8  0  6  0
9  7  1  6  4  2  5  8  4  9  7  5  9  5  1
3  8  0  6  9  3  0  9  4  4  9  4  0  1  5
1  5  4  2  2  2  2  1  9  4  3  2  9  1  3
0  2  1  7  3  9  1  2  5  3  8  3  5  5  9
1  5  0  3  1  0  0  3  3  3  0  3  2  5  1
1  1  7  4  9  1  5  6  9  6  9  1  7  4  5
0  2  7  1  4  9  4  3  3  1  5  1  5  5  8
8  5  4  0  3  9  2  2  1  6  4  0  9  7  2
2  9  1  0  1  1  2  9  0  3  5  5  2  1  8
1  5  7  6  2  8  2  3  2  8  3  1  8  2  3
4  2  5  4  8  3  2  6  1  1  1  9  1  2  8
```

```
0 0 9 2 8 2 5 2 5 6 1 9 0 2 0
5 2 6 3 0 1 6 3 9 1 1 4 7 7 2
4 7 3 3 1 4 8 5 7 3 9 1 0 7 7
7 5 8 7 4 4 2 5 3 8 7 6 1 1 7
4 6 5 7 8 6 7 1 1 6 9 4 1 4 7
7 6 4 2 1 4 4 1 1 1 1 2 6 3 5
8 3 5 5 3 8 7 1 3 6 1 0 1 1 0
2 3 2 6 7 9 8 7 7 5 6 4 1 0 2
4 6 8 2 4 0 3 2 2 6 4 8 3 4 6
4 1 7 6 6 3 6 9 8 0 6 6 3 7 8
5 7 6 8 1 3 4 9 2 0 4 5 3 0 2
2 4 0 8 1 9 7 2 7 8 5 6 4 7 1
9 8 3 9 6 3 0 8 7 8 1 5 4 3 2
2 1 1 6 6 9 1 2 2 4 6 4 1 5 9
1 1 7 7 6 7 3 2 2 5 3 2 6 4 3
```

```
3 5 6 8 6 1 4 6 1 8 6 5 4 5 2
2 2 6 8 1 2 6 8 8 7 2 6 8 4 4
5 9 6 8 4 4 2 4 1 6 1 0 7 8 5
4 0 1 6 7 6 8 1 4 2 0 8 0 8 8
5 0 2 8 0 0 5 4 1 4 3 6 1 3 1
4 6 2 3 0 8 2 1 0 2 5 9 4 1 7
3 7 5 6 2 3 8 9 9 4 2 0 7 5 7
1 3 6 2 7 5 1 6 7 4 5 7 3 1 8
9 1 8 9 4 5 6 2 8 3 5 2 5 7 0
4 4 1 3 3 5 4 3 7 5 8 5 7 5 3
4 2 6 9 8 6 9 9 4 7 2 5 4 7 0
3 1 6 5 6 6 1 3 9 9 1 9 9 9 6
8 2 6 2 8 2 4 7 2 7 0 6 4 1 3
3 6 2 2 2 1 7 8 9 2 3 9 0 3 1
7 6 0 8 5 4 2 8 9 4 3 7 3 3 9
```

```
3 5 6 1 8 8 9 1 6 5 1 2 5 0 4
2 4 4 0 4 0 0 8 9 5 2 7 1 9 8
3 7 8 7 3 8 6 4 8 0 5 8 4 7 2
6 8 9 5 4 6 2 4 3 8 8 2 3 4 3
7 5 1 7 8 8 5 2 0 1 4 3 9 5 6
0 0 5 7 1 0 4 8 1 1 9 4 9 8 8
4 2 3 9 0 6 0 6 1 3 6 9 5 7 3
4 2 3 1 5 5 9 0 7 9 6 7 0 3 4
6 1 4 9 1 4 3 4 4 7 8 8 6 3 6
0 4 1 0 3 1 8 2 3 5 0 7 3 6 5
0 2 7 7 8 5 9 0 8 9 7 5 7 8 2
7 2 7 3 1 3 0 5 0 4 8 8 9 3 9
8 9 0 0 9 9 2 3 9 1 3 5 0 3 3
7 3 2 5 0 8 5 5 9 8 2 6 5 5 8
6 7 0 8 9 2 4 2 6 1 2 4 2 9 4
```

```
7 3 6 7 0 1 9 3 9 0 7 7 2 7 1
3 0 7 0 6 8 6 9 1 7 0 9 2 6 4
6 2 5 4 8 4 2 3 2 4 0 7 4 8 5
5 0 3 6 6 0 8 0 1 3 6 0 4 6 6
8 9 5 1 1 8 4 0 0 9 3 6 6 8 6
0 9 5 4 6 3 2 5 0 0 2 1 4 5 8
5 2 9 3 0 9 5 0 0 0 0 9 0 7 1
5 1 0 5 8 2 3 6 2 6 7 2 9 3 2
6 4 5 3 7 3 8 2 1 0 4 9 3 8 7
2 4 9 9 6 6 9 9 3 3 9 4 2 4 6
8 5 5 1 6 4 8 3 2 6 1 1 3 4 1
4 6 1 1 0 6 8 0 2 6 7 4 4 6 6
3 7 3 3 4 3 7 5 3 4 0 7 6 4 2
9 4 0 2 6 6 8 2 9 7 3 8 6 5 2
2 0 9 3 5 7 0 1 6 2 6 3 8 4 6
```

```
4 8 5 2 8 5 1 4 9 0 3 6 2 9 3
2 0 1 9 9 1 9 9 6 8 8 2 8 5 1
7 1 8 3 9 5 3 6 6 9 1 3 4 5 2
2 2 4 4 4 7 0 8 0 4 5 9 2 3 9
6 6 0 2 8 1 7 1 5 6 5 5 1 5 6
5 6 6 6 1 1 1 3 5 9 8 2 3 1 1
2 2 5 0 6 2 8 9 0 5 8 5 4 9 1
4 5 0 9 7 1 5 7 5 5 3 9 0 0 2
4 3 9 3 1 5 3 5 1 9 0 9 0 2 1
0 7 1 1 9 4 5 7 3 0 0 2 4 3 8
8 0 1 7 6 6 1 5 0 3 5 2 7 0 8
6 2 6 0 2 5 3 7 8 8 1 7 9 7 5
1 9 4 7 8 0 6 1 0 1 3 7 1 5 0
0 4 4 8 9 9 1 7 2 1 0 0 2 2 2
0 1 3 3 5 0 1 3 1 0 6 0 1 6 3
```

```
9 1 5 4 1 5 8 9 5 7 8 0 3 7 1
1 7 7 9 2 7 7 5 2 2 5 9 7 8 7
4 2 8 9 1 9 1 7 9 1 5 5 2 2 4
1 7 1 8 9 5 8 5 3 6 1 6 8 0 5
9 4 7 4 1 2 3 4 1 9 3 3 9 8 4
2 0 2 1 8 7 4 5 6 4 9 2 5 6 4
4 3 4 6 2 3 9 2 5 3 1 9 5 3 1
3 5 1 0 3 3 1 1 4 7 6 3 9 4 9
1 1 9 9 5 0 7 2 8 5 8 4 3 0 6
5 8 3 6 1 9 3 5 3 6 9 3 2 9 6
9 9 2 8 9 8 3 7 9 1 4 9 4 1 9
3 9 4 0 6 0 8 5 7 2 4 8 6 3 9
6 8 8 3 6 9 0 3 2 6 5 5 6 4 3
6 4 2 1 6 6 4 4 2 5 7 6 0 7 9
1 4 7 1 0 8 6 9 9 8 4 3 1 5 7
```

3 3 7 4 9 6 4 8 8 3 5 2 9 2 7
6 9 3 2 8 2 2 0 7 6 2 9 4 7 2
8 2 3 8 1 5 3 7 4 0 9 9 6 1 5
4 5 5 9 8 7 9 8 2 5 9 8 9 1 0
9 3 7 1 7 1 2 6 2 1 8 2 8 3 0
2 5 8 4 8 1 1 2 3 8 9 0 1 1 9
6 8 2 2 1 4 2 9 4 5 7 6 6 7 5
8 0 7 1 8 6 5 3 8 0 6 5 0 6 4
8 7 0 2 6 1 3 3 8 9 2 8 2 2 9
9 4 9 7 2 5 7 4 5 3 0 3 3 2 8
3 8 9 6 3 8 1 8 4 3 9 4 4 7 7
0 7 7 9 4 0 2 2 8 4 3 5 9 8 8
3 4 1 0 0 3 5 8 3 8 5 4 2 3 8
9 7 3 5 4 2 4 3 9 5 6 4 7 5 5
5 6 8 4 0 9 5 2 2 4 8 4 4 5 5

```
4 1 3 9 2 3 9 4 1 0 0 0 1 6 2
0 7 6 9 3 6 3 6 8 4 6 7 7 6 4
1 3 0 1 7 8 1 9 6 5 9 3 7 9 9
7 1 5 5 7 4 6 8 5 4 1 9 4 6 3
3 4 8 9 3 7 4 8 4 3 9 1 2 9 7
4 2 3 9 1 4 3 3 6 5 9 3 6 0 4
1 0 0 3 5 2 3 4 3 7 7 7 0 6 5
8 8 8 6 7 7 8 1 1 3 9 4 9 8 6
1 6 4 7 8 7 4 7 1 4 0 7 9 3 2
6 3 8 5 8 7 3 8 6 2 4 7 3 2 8
8 9 6 4 5 6 4 3 5 9 8 7 7 4 6
6 7 6 3 8 4 7 9 4 6 6 5 0 4 0
7 4 1 1 1 8 2 5 6 5 8 3 7 8 8
7 8 4 5 4 8 5 8 1 4 8 9 6 2 9
6 1 2 7 3 9 9 8 4 1 3 4 4 2 7
```

```
2 6 0 8 6 0 6 1 8 7 2 4 5 5 4
5 2 3 6 0 6 4 3 1 5 3 7 1 0 1
1 2 7 4 6 8 0 9 7 7 8 7 0 4 4
6 4 0 9 4 7 5 8 2 8 0 3 4 8 7
6 9 7 5 8 9 4 8 3 2 8 2 4 1 2
3 9 2 9 2 9 6 0 5 8 2 9 4 8 6
1 9 1 9 6 6 7 0 9 1 8 9 5 8 0
8 9 8 3 3 2 0 1 2 1 0 3 1 8 4
3 0 3 4 0 1 2 8 4 9 5 1 1 6 2
0 3 5 3 4 2 8 0 1 4 4 1 2 7 6
1 7 2 8 5 8 3 0 2 4 3 5 5 9 8
3 0 0 3 2 0 4 2 0 2 4 5 1 2 0
7 2 8 7 2 5 3 5 5 8 1 1 9 5 8
4 0 1 4 9 1 8 0 9 6 9 2 5 3 3
9 5 0 7 5 7 7 8 4 0 0 0 6 7 4
```

```
6 5 5 2 6 0 3 1 4 4 6 1 6 7 0
5 0 8 2 7 6 8 2 7 7 2 2 2 3 5
3 4 1 9 1 1 0 2 6 3 4 1 6 3 1
5 7 1 4 7 4 0 6 1 2 3 8 5 0 4
2 5 8 4 5 9 8 8 4 1 9 9 0 7 6
1 1 2 8 7 2 5 8 0 5 9 1 1 3 9
3 5 6 8 9 6 0 1 4 3 1 6 6 8 2
8 3 1 7 6 3 2 3 5 6 7 3 2 5 4
1 7 0 7 3 4 2 0 8 1 7 3 3 2 2
3 0 4 6 2 9 8 7 9 9 2 8 0 4 9
0 8 5 1 4 0 9 4 7 9 0 3 6 8 8
7 8 6 8 7 8 9 4 9 3 0 5 4 6 9
5 5 7 0 3 0 7 2 6 1 9 0 0 9 5
0 2 0 7 6 4 3 3 4 9 3 3 5 9 1
0 6 0 2 4 5 4 5 0 8 6 4 5 3 6
```

```
2 8 9 3 5 4 5 6 8 6 2 9 5 8 5
3 1 3 1 5 3 3 7 1 8 3 8 6 8 2
6 5 6 1 7 8 6 2 2 7 3 6 3 7 1
6 9 7 5 7 7 4 1 8 3 0 2 3 9 8
6 0 0 6 5 9 1 4 8 1 6 1 6 4 0
4 9 4 4 9 6 5 0 1 1 7 3 2 1 3
1 3 8 9 5 7 4 7 0 6 2 0 8 8 4
7 4 8 0 2 3 6 5 3 7 1 0 3 1 1
5 0 8 9 8 4 2 7 9 9 2 7 5 4 4
2 6 8 5 3 2 7 7 9 7 4 3 1 1 3
9 5 1 4 3 5 7 4 1 7 2 2 1 9 7
5 9 7 9 9 3 5 9 6 8 5 2 5 2 2
8 5 7 4 5 2 6 3 7 9 6 2 8 9 6
1 2 6 9 1 5 7 2 3 5 7 9 8 6 6
2 0 5 7 3 4 0 8 3 7 5 7 6 6 8
```

```
7 3 8 8 4 2 6 6 4 0 5 9 9 0 9
9 3 5 0 5 0 0 0 8 1 3 3 7 5 4
3 2 4 5 4 6 3 5 9 6 7 5 0 4 8
4 4 2 3 5 2 8 4 8 7 4 7 0 1 4
4 3 5 4 5 4 1 9 5 7 6 2 5 8 4
7 3 5 6 4 2 1 6 1 9 8 1 3 4 0
7 3 4 6 8 5 4 1 1 1 7 6 6 8 8
3 1 1 8 6 5 4 4 8 9 3 7 7 6 9
7 9 5 6 6 5 1 7 2 7 9 6 6 2 3
2 6 7 1 4 8 1 0 3 3 8 6 4 3 9
1 3 7 5 1 8 6 5 9 4 6 7 3 0 0
2 4 4 3 4 5 0 0 5 4 4 9 9 5 3
9 9 7 4 2 3 7 2 3 2 8 7 1 2 4
9 4 8 3 4 7 0 6 0 4 4 0 6 3 4
7 1 6 0 6 3 2 5 8 3 0 6 4 9 8
```

```
2 9 7 9 5 5 1 0 1 0 9 5 4 1 8
3 6 2 3 5 0 3 0 3 0 9 4 5 3 0
9 7 3 3 5 8 3 4 4 6 2 8 3 9 4
7 6 3 0 4 7 7 5 6 4 5 0 1 5 0
0 8 5 0 7 5 7 8 9 4 9 5 4 8 9
3 1 3 9 3 9 4 4 8 9 9 2 1 6 1
2 5 5 2 5 5 9 7 7 0 1 4 3 6 8
5 8 9 4 3 5 8 5 8 7 7 5 2 6 3
7 9 6 2 5 5 9 7 0 8 1 6 7 7 6
4 3 8 0 0 1 2 5 4 3 6 5 0 2 3
7 1 4 1 2 7 8 3 4 6 7 9 2 6 1
0 1 9 9 5 5 8 5 2 2 4 7 1 7 2
2 0 1 7 7 7 2 3 7 0 0 4 1 7 8
0 8 4 1 9 4 2 3 9 4 8 7 2 5 4
0 6 8 0 1 5 5 6 0 3 5 9 9 8 3
```

```
9 0 5 4 8 9 8 5 7 2 3 5 4 6 7
4 5 6 4 2 3 9 0 5 8 5 8 5 0 2
1 6 7 1 9 0 3 1 3 9 5 2 6 2 9
4 4 5 5 4 3 9 1 3 1 6 6 3 1 3
4 5 3 0 8 9 3 9 0 6 2 0 4 6 7
8 4 3 8 7 7 8 5 0 5 4 2 3 9 3
9 0 5 2 4 7 3 1 3 6 2 0 1 2 9
4 7 6 9 1 8 7 4 9 7 5 1 9 1 0
1 1 4 7 2 3 1 5 2 8 9 3 2 6 7
7 2 5 3 3 9 1 8 1 4 6 6 0 7 3
0 0 0 8 9 0 2 7 7 6 8 9 6 3 1
1 4 8 1 0 9 0 2 2 0 9 7 2 4 5
2 0 7 5 9 1 6 7 2 9 7 0 0 7 8
5 0 5 8 0 7 1 7 1 8 6 3 8 1 0
5 4 9 6 7 9 7 3 1 0 0 1 6 7 8
```

```
7 0 8 5 0 6 9 4 2 0 7 0 9 2 2
3 2 9 0 8 0 7 0 3 8 3 2 6 3 4
5 3 4 5 2 0 3 8 0 2 7 8 6 0 9
9 0 5 5 6 9 0 0 1 3 4 1 3 7 1
8 2 3 6 8 3 7 0 9 9 1 9 4 9 5
1 6 4 8 9 6 0 0 7 5 5 0 4 9 3
4 1 2 6 7 8 7 6 4 3 6 7 4 6 3
8 4 9 0 2 0 6 3 9 6 4 0 1 9 7
6 6 6 8 5 5 9 2 3 3 5 6 5 4 6
3 9 1 3 8 3 6 3 1 8 5 7 4 5 6
9 8 1 4 7 1 9 6 2 1 0 8 4 1 0
8 0 9 6 1 8 8 4 6 0 5 4 5 6 0
3 9 0 3 8 4 5 5 3 4 3 7 2 9 1
4 1 4 4 6 5 1 3 4 7 4 9 4 0 7
8 4 8 8 4 4 2 3 7 7 2 1 7 5 1
```

```
5 4 3 3 4 2 6 0 3 0 6 6 9 8 8
3 1 7 6 8 3 3 1 0 0 1 1 3 3 1
0 8 6 9 0 4 2 1 9 3 9 0 3 1 0
8 0 1 4 3 7 8 4 3 3 4 1 5 1 3
7 0 9 2 4 3 5 3 0 1 3 6 7 7 6
3 1 0 8 4 9 1 3 5 1 6 1 5 6 4
2 2 6 9 8 4 7 5 0 7 4 3 0 3 2
9 7 1 6 7 4 6 9 6 4 0 6 6 6 5
3 1 5 2 7 0 3 5 3 2 5 4 6 7 1
1 2 6 6 7 5 2 2 4 6 0 5 5 1 1
9 9 5 8 1 8 3 1 9 6 3 7 6 3 7
0 7 6 1 7 9 9 1 9 1 9 2 0 3 5
7 9 5 8 2 0 0 7 5 9 5 6 0 5 3
0 2 3 4 6 2 6 7 7 5 7 9 4 3 9
3 6 3 0 7 4 6 3 0 5 6 9 0 1 0
```

```
8 0 1 1 4 9 4 2 7 1 4 1 0 0 9
3 9 1 3 6 9 1 3 8 1 0 7 2 5 8
1 3 7 8 1 3 5 7 8 9 4 0 0 5 5
9 9 5 0 0 1 8 3 5 4 2 5 1 1 8
4 1 7 2 1 3 6 0 5 5 7 2 7 5 2
2 1 0 3 5 2 6 8 0 3 7 3 5 7 2
6 5 2 7 9 2 2 4 1 7 3 7 3 6 0
5 7 5 1 1 2 7 8 8 7 2 1 8 1 9
0 8 4 4 9 0 0 6 1 7 8 0 1 3 8
8 9 7 1 0 7 7 0 8 2 2 9 3 1 0
0 2 7 9 7 6 6 5 9 3 5 8 3 8 7
5 8 9 0 9 3 9 5 6 8 8 1 4 8 5
6 0 2 6 3 2 2 4 3 9 3 7 2 6 5
6 2 4 7 2 7 7 6 0 3 7 8 9 0 8
1 4 4 5 8 8 3 7 8 5 5 0 1 9 7
```

```
0 2 8 4 3 7 7 9 3 6 2 4 0 7 8
2 5 0 5 2 7 0 4 8 7 5 8 1 6 4
7 0 3 2 4 5 8 1 2 9 0 8 7 8 3
9 5 2 3 2 4 5 3 2 3 7 8 9 6 0
2 9 8 4 1 6 6 9 2 2 5 4 8 9 6
4 9 7 1 5 6 0 6 9 8 1 1 9 2 1
8 6 5 8 4 9 2 6 7 7 0 4 0 3 9
5 6 4 8 1 2 7 8 1 0 2 1 7 9 9
1 3 2 1 7 4 1 6 3 0 5 8 1 0 5
5 4 5 9 8 8 0 1 3 0 0 4 8 4 5
6 2 9 9 7 6 5 1 1 2 1 2 4 1 5
3 6 3 7 4 5 1 5 0 0 5 6 3 5 0
7 0 1 2 7 8 1 5 9 2 6 7 1 4 2
4 1 3 4 2 1 0 3 3 0 1 5 6 6 1
6 5 3 5 6 0 2 4 7 3 3 8 0 7 8
```

```
4 3 0 2 8 6 5 5 2 5 7 2 2 2 7
5 3 0 4 9 9 9 8 8 3 7 0 1 5 3
4 8 7 9 3 0 0 8 0 6 2 6 0 1 8
0 9 6 2 3 8 1 5 1 6 1 3 6 6 9
0 3 3 4 1 1 1 1 3 8 6 5 3 8 5
1 0 9 1 9 3 6 7 3 9 3 8 3 5 2
2 9 3 4 5 8 8 8 3 2 2 5 5 0 8
8 7 0 6 4 5 0 7 5 3 9 4 7 3 9
5 2 0 4 3 9 6 8 0 7 9 0 6 7 0
8 6 8 0 6 4 4 5 0 9 6 9 8 6 5
4 8 8 0 1 6 8 2 8 7 4 3 4 3 7
8 6 1 2 6 4 5 3 8 1 5 8 3 4 2
8 0 7 5 3 0 6 1 8 4 5 4 8 5 9
0 3 7 9 8 2 1 7 9 9 4 5 9 9 6
8 1 1 5 4 4 1 9 7 4 2 5 3 6 3
```

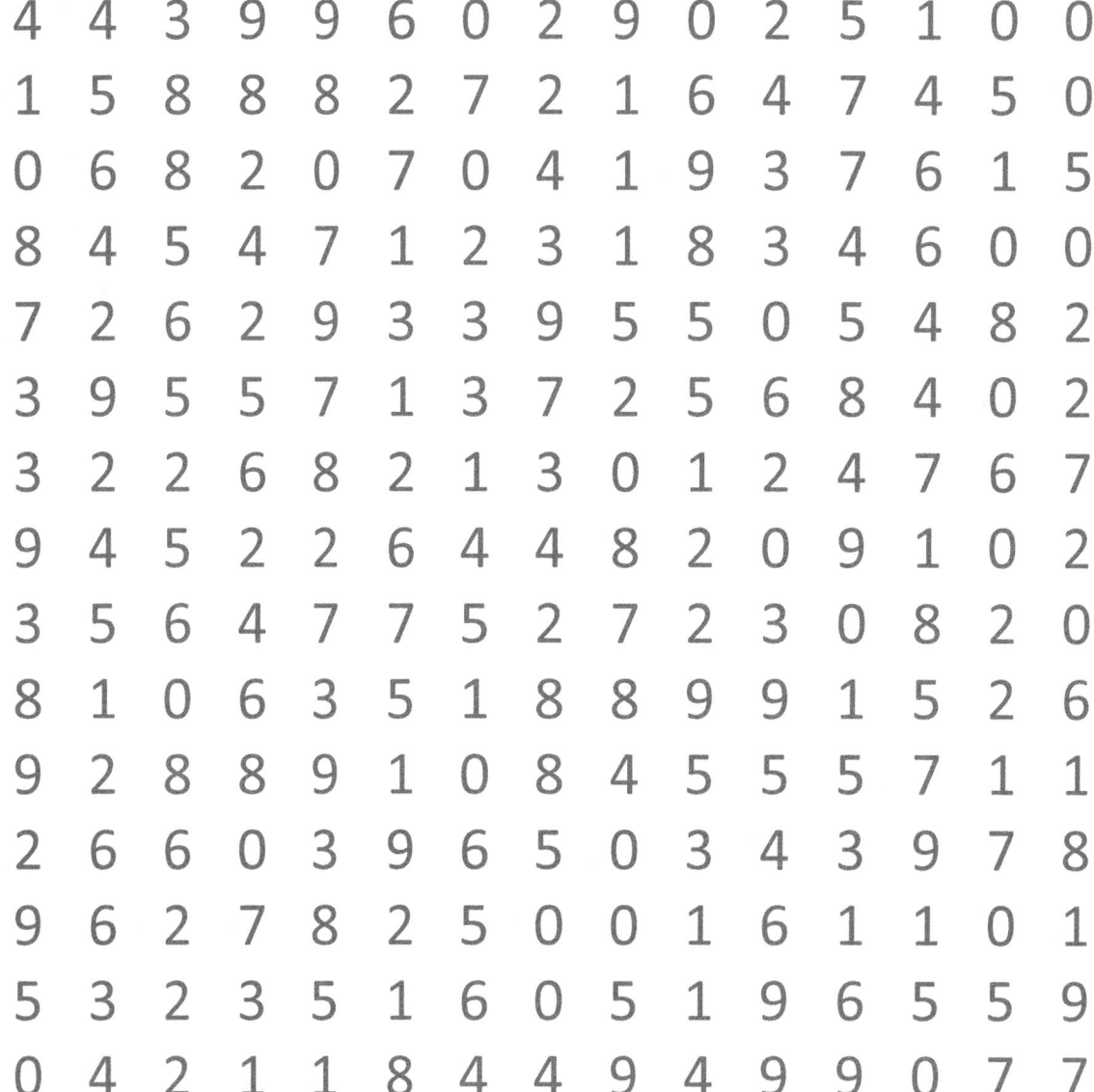

```
4 4 3 9 9 6 0 2 9 0 2 5 1 0 0
1 5 8 8 8 2 7 2 1 6 4 7 4 5 0
0 6 8 2 0 7 0 4 1 9 3 7 6 1 5
8 4 5 4 7 1 2 3 1 8 3 4 6 0 0
7 2 6 2 9 3 3 9 5 5 0 5 4 8 2
3 9 5 5 7 1 3 7 2 5 6 8 4 0 2
3 2 2 6 8 2 1 3 0 1 2 4 7 6 7
9 4 5 2 2 6 4 4 8 2 0 9 1 0 2
3 5 6 4 7 7 5 2 7 2 3 0 8 2 0
8 1 0 6 3 5 1 8 8 9 9 1 5 2 6
9 2 8 8 9 1 0 8 4 5 5 5 5 7 1 1
2 6 6 0 3 9 6 5 0 3 4 3 9 7 8
9 6 2 7 8 2 5 0 0 1 6 1 1 0 1
5 3 2 3 5 1 6 0 5 1 9 6 5 5 9
0 4 2 1 1 8 4 4 9 4 9 9 0 7 7
```

```
8 9 9 9 2 0 0 7 3 2 9 4 7 6 9
0 5 8 6 8 5 7 7 8 7 8 7 2 0 9
8 2 9 0 1 3 5 2 9 5 6 6 1 3 9
7 8 8 8 4 8 6 0 5 0 9 7 8 6 0
8 5 9 5 7 0 1 7 7 3 1 2 9 8 1
5 5 3 1 4 9 5 1 6 8 1 4 6 7 1
7 6 9 5 9 7 6 0 9 9 4 2 1 0 0
3 6 1 8 3 5 5 9 1 3 8 7 7 7 8
1 7 6 9 8 4 5 8 7 5 8 1 0 4 4
6 6 2 8 3 9 9 8 8 0 6 0 0 6 1
6 2 2 9 8 4 8 6 1 6 9 3 5 3 3
7 3 8 6 5 7 8 7 7 3 5 9 8 3 3
6 1 6 1 3 3 8 4 1 3 3 8 5 3 6
8 4 2 1 1 9 7 8 9 3 8 9 0 0 1
8 5 2 9 5 6 9 1 9 6 7 8 0 4 5
```

```
5 4 4 8 2 8 5 8 4 8 3 7 0 1 1
7 0 9 6 7 2 1 2 5 3 5 3 3 8 7
5 8 6 2 1 5 8 2 3 1 0 1 3 3 1
0 3 8 7 7 6 6 8 2 7 2 1 1 5 7
2 6 9 4 9 5 1 8 1 7 9 5 8 9 7
5 4 6 9 3 9 9 2 6 4 2 1 9 7 9
1 5 5 2 3 3 8 5 7 6 6 2 3 1 6
7 6 2 7 5 4 7 5 7 0 3 5 4 6 9
9 4 1 4 8 9 2 9 0 4 1 3 0 1 8
6 3 8 6 1 1 9 4 3 9 1 9 6 2 8
3 8 8 7 0 5 4 3 6 7 7 7 4 3 2
2 4 2 7 6 8 0 9 1 3 2 3 6 5 4
4 9 4 8 5 3 6 6 7 6 8 0 0 0 0
0 1 0 6 5 2 6 2 4 8 5 4 7 3 0
5 5 8 6 1 5 9 8 9 9 9 1 4 0 1
```

7 0 7 6 9 8 3 8 5 4 8 3 1 8 8
7 5 0 1 4 2 9 3 8 9 0 8 9 9 5
0 6 8 5 4 5 3 0 7 6 5 1 1 6 8
0 3 3 3 7 3 2 2 2 6 5 1 7 5 6
6 2 2 0 7 5 2 6 9 5 1 7 9 1 4
4 2 2 5 2 8 0 8 1 6 5 1 7 1 6
6 7 7 6 6 7 2 7 9 3 0 3 5 4 8
5 1 5 4 2 0 4 0 2 3 8 1 7 4 6
0 8 9 2 3 2 8 3 9 1 7 0 3 2 7
5 4 2 5 7 5 0 8 6 7 6 5 5 1 1
7 8 5 9 3 9 5 0 0 2 7 9 3 3 8
9 5 9 2 0 5 7 6 6 8 2 7 8 9 6
7 7 6 4 4 5 3 1 8 4 0 4 0 4 1
8 5 5 4 0 1 0 4 3 5 1 3 4 8 3
8 9 5 3 1 2 0 1 3 2 6 3 7 8 3

```
6 9 2 8 3 5 8 0 8 2 7 1 9 3 7
8 3 1 2 6 5 4 9 6 1 7 4 5 9 9
7 0 5 6 7 4 5 0 7 1 8 3 3 2 0
6 5 0 3 4 5 5 6 6 4 4 0 3 4 4
9 0 4 5 3 6 2 7 5 6 0 0 1 1 2
5 0 1 8 4 3 3 5 6 0 7 3 6 1 2
2 2 7 6 5 9 4 9 2 7 8 3 9 3 7
0 6 4 7 8 4 2 6 4 5 6 7 6 3 3
8 8 1 8 8 0 7 5 6 5 6 1 2 1 6
8 9 6 0 5 0 4 1 6 1 1 3 9 0 3
9 0 6 3 9 6 0 1 6 2 0 2 2 1 5
3 6 8 4 9 4 1 0 9 2 6 0 5 3 8
7 6 8 8 7 1 4 8 3 7 9 8 9 5 5
9 9 9 9 1 1 2 0 9 9 1 6 4 6 4
6 4 4 1 1 9 1 8 5 6 8 2 7 7 0
```

```
0 4 5 7 4 2 4 3 4 3 4 0 2 1 6
7 2 2 7 6 4 4 5 5 8 9 3 3 0 1
2 7 7 8 1 5 8 6 8 6 9 5 2 5 0
6 9 4 9 9 3 6 4 6 1 0 1 7 5 6
8 5 0 6 0 1 6 7 1 4 5 3 5 4 3
1 5 8 1 4 8 0 1 0 5 4 5 8 8 6
0 5 6 4 5 5 0 1 3 3 2 0 3 7 5
8 6 4 5 4 8 5 8 4 0 3 2 4 0 2
9 8 7 1 7 0 9 3 4 8 0 9 1 0 5
5 6 2 1 1 6 7 1 5 4 6 8 4 8 4
7 7 8 0 3 9 4 4 7 5 6 9 7 9 8
0 4 2 6 3 1 8 0 9 9 1 7 5 6 4
2 2 8 0 9 8 7 3 9 9 8 7 6 6 9
7 3 2 3 7 6 9 5 7 3 7 0 1 5 8
0 8 0 6 8 2 2 9 0 4 5 9 9 2 1
```

```
2 3 6 6 1 6 8 9 0 2 5 9 6 2 7
3 0 4 3 0 6 7 9 3 1 6 5 3 1 1
4 9 4 0 1 7 6 4 7 3 7 6 9 3 8
7 3 5 1 4 0 9 3 3 6 1 8 3 3 2
1 6 1 4 2 8 0 2 1 4 9 7 6 3 3
9 9 1 8 9 8 3 5 4 8 4 8 7 5 6
2 5 2 9 8 7 5 2 4 2 3 8 7 3 0
7 7 5 5 9 5 5 5 9 5 5 4 6 5 1
9 6 3 9 4 4 0 1 8 2 1 8 4 0 9
9 8 4 1 2 4 8 9 8 2 6 2 3 6 7
3 7 7 1 4 6 7 2 2 6 0 6 1 6 3
3 6 4 3 2 9 6 4 0 6 3 3 5 7 2
8 1 0 7 0 7 8 8 7 5 8 1 6 4 0
4 3 8 1 4 8 5 0 1 8 8 4 1 1 4
3 1 8 8 5 9 8 8 2 7 6 9 4 4 9
```

```
0 1 1 9 3 2 1 2 9 6 8 2 7 1 5
8 8 8 4 1 3 3 8 6 9 4 3 4 6 8
2 8 5 9 0 0 6 6 6 4 0 8 0 6 3
1 4 0 7 7 7 5 7 7 2 5 7 0 5 6
3 0 7 2 9 4 0 0 4 9 2 9 4 0 3
0 2 4 2 0 4 9 8 4 1 6 5 6 5 4
7 9 7 3 6 7 0 5 4 8 5 5 8 0 4
4 5 8 6 5 7 2 0 2 2 7 6 3 7 8
4 0 4 6 6 8 2 3 3 7 9 8 5 2 8
2 7 1 0 5 7 8 4 3 1 9 7 5 3 5
4 1 7 9 5 0 1 1 3 4 7 2 7 3 6
2 5 7 7 4 0 8 0 2 1 3 4 7 6 8
2 6 0 4 5 0 2 2 8 5 1 5 7 9 7
9 5 7 9 7 6 4 7 4 6 7 0 2 2 8
4 0 9 9 9 5 6 1 6 0 1 5 6 9 1
```

```
0 8 9 0 3 8 4 5 8 2 4 5 0 2 6
7 9 2 6 5 9 4 2 0 5 5 5 0 3 9
5 8 7 9 2 2 9 8 1 8 5 2 6 4 8
0 0 7 0 6 8 3 7 6 5 0 4 1 8 3
6 5 6 2 0 9 4 5 5 5 4 3 4 6 1
3 5 1 3 4 1 5 2 5 7 0 0 6 5 9
7 4 8 8 1 9 1 6 3 4 1 3 5 9 5
5 6 7 1 9 6 4 9 6 5 4 0 3 2 1
8 7 2 7 1 6 0 2 6 4 8 5 9 3 0
4 9 0 3 9 7 8 7 4 8 9 5 8 9 0
6 6 1 2 7 2 5 0 7 9 4 8 2 8 2
7 6 9 3 8 9 5 3 5 2 1 7 5 3 6
2 1 8 5 0 7 9 6 2 9 7 7 8 5 1
4 6 1 8 8 4 3 2 7 1 9 2 2 3 2
2 3 8 1 0 1 5 8 7 4 4 4 5 0 5
```

```
2 8 6 6 5 2 3 8 0 2 2 5 3 2 8
4 3 8 9 1 3 7 5 2 7 3 8 4 5 8
9 2 3 8 4 4 2 2 5 3 5 4 7 2 6
5 3 0 9 8 1 7 1 5 7 8 4 4 7 8
3 4 2 1 5 8 2 2 3 2 7 0 2 0 6
9 0 2 8 7 2 3 2 3 3 0 0 5 3 8
6 2 1 6 3 4 7 9 8 8 5 0 9 4 6
9 5 4 7 2 0 0 4 7 9 5 2 3 1 1
2 0 1 5 0 4 3 2 9 3 2 2 6 6 2
8 2 7 2 7 6 3 2 1 7 7 9 0 8 8
4 0 0 8 7 8 6 1 4 8 0 2 2 1 4
7 5 3 7 6 5 7 8 1 0 5 8 1 9 7
0 2 2 2 6 3 0 9 7 1 7 4 9 5 0
7 2 1 2 7 2 4 8 4 7 9 4 7 8 1
6 9 5 7 2 9 6 1 4 2 3 6 5 8 5
```

```
9 5 7 8 2 0 9 0 8 3 0 7 3 3 2
3 3 5 6 0 3 4 8 4 6 5 3 1 8 7
3 0 2 9 3 0 2 6 6 5 9 6 4 5 0
1 3 7 1 8 3 7 5 4 2 8 8 9 7 5
5 7 9 7 1 4 4 9 9 2 4 6 5 4 0
3 8 6 8 1 7 9 9 2 1 3 8 9 3 4
6 9 2 4 4 7 4 1 9 8 5 0 9 7 3
3 4 6 2 6 7 9 3 3 2 1 0 7 2 6
8 6 8 7 0 7 6 8 0 6 2 6 3 9 9
1 9 3 6 1 9 6 5 0 4 4 0 9 9 5
4 2 1 6 7 6 2 7 8 4 0 9 1 4 6
6 9 8 5 6 9 2 5 7 1 5 0 7 4 3
1 5 7 4 0 7 9 3 8 0 5 3 2 3 9
2 5 2 3 9 4 7 7 5 5 7 4 4 1 5
9 1 8 4 5 8 2 1 5 6 2 5 1 8 1
```

9 2 1 5 5 2 3 3 7 0 9 6 0 7 4
8 3 3 2 9 2 3 4 9 2 1 0 3 4 5
1 4 6 2 6 4 3 7 4 4 9 8 0 5 5
9 6 1 0 3 3 0 7 9 9 4 1 4 5 3
4 7 7 8 4 5 7 4 6 9 9 9 9 2 1
2 8 5 9 9 9 9 9 3 9 9 6 1 2 2
8 1 6 1 5 2 1 9 3 1 4 8 8 8 7
6 9 3 8 8 0 2 2 2 8 1 0 8 3 0
0 1 9 8 6 0 1 6 5 4 9 4 1 6 5
4 2 6 1 6 9 6 8 5 8 6 7 8 8 3
7 2 6 0 9 5 8 7 7 4 5 6 7 6 1
8 2 5 0 7 2 7 5 9 9 2 9 5 0 8
9 3 1 8 0 5 2 1 8 7 2 9 2 4 6
1 0 8 6 7 6 3 9 9 5 8 9 1 6 1
4 5 8 5 5 0 5 8 3 9 7 2 7 4 2

```
0 9 8 0 9 0 9 7 8 1 7 2 9 3 2
3 9 3 0 1 0 6 7 6 6 3 8 6 8 2
4 0 4 0 1 1 1 3 0 4 0 2 4 7 0
0 7 3 5 0 8 5 7 8 2 8 7 2 4 6
2 7 1 3 4 9 4 6 3 6 8 5 3 1 8
1 5 4 6 9 6 9 0 4 6 6 9 6 8 6
9 3 9 2 5 4 7 2 5 1 9 4 1 3 9
9 2 9 1 4 6 5 2 4 2 3 8 5 7 7
6 2 5 5 0 0 4 7 4 8 5 2 9 5 4
7 6 8 1 4 7 9 5 4 6 7 0 0 7 0
5 0 3 4 7 9 9 9 5 8 8 8 6 7 6
9 5 0 1 6 1 2 4 9 7 2 2 8 2 0
4 0 3 0 3 9 9 5 4 6 3 2 7 8 8
3 0 6 9 5 9 7 6 2 4 9 3 6 1 5
1 0 1 0 2 4 3 6 5 5 5 3 5 2 2
```

3 0 6 9 0 6 1 2 9 4 9 3 8 8 5
9 9 0 1 5 7 3 4 6 6 1 0 2 3 7
1 2 2 3 5 4 7 8 9 1 1 2 9 2 5
4 7 6 9 6 1 7 6 0 0 5 0 4 7 9
7 4 9 2 8 0 6 0 7 2 1 2 6 8 0
3 9 2 2 6 9 1 1 0 2 7 7 7 2 2
6 1 0 2 5 4 4 1 4 9 2 2 1 5 7
6 5 0 4 5 0 8 1 2 0 6 7 7 1 7
3 5 7 1 2 0 2 7 1 8 0 2 4 2 9
6 8 1 0 6 2 0 3 7 7 6 5 7 8 8
3 7 1 6 6 9 0 9 1 0 9 4 1 8 0
7 4 4 8 7 8 1 4 0 4 9 0 7 5 5
1 7 8 2 0 3 8 5 6 5 3 9 0 9 9
1 0 4 7 7 5 9 4 1 4 1 3 2 1 5
4 3 2 8 4 4 0 6 2 5 0 3 0 1 8

```
0 2 7 5 7 1 6 9 6 5 0 8 2 0 9
6 4 2 7 3 4 8 4 1 4 6 9 5 7 2
6 3 9 7 8 8 4 2 5 6 0 0 8 4 5
3 1 2 1 4 0 6 5 9 3 5 8 0 9 0
4 1 2 7 1 1 3 5 9 2 0 0 4 1 9
7 5 9 8 5 1 3 6 2 5 4 7 9 6 1
6 0 6 3 2 2 8 8 7 3 6 1 8 1 3
6 7 3 7 3 2 4 4 5 0 6 0 7 9 2
4 4 1 1 7 6 3 9 9 7 5 9 7 4 6
1 9 3 8 3 5 8 4 5 7 4 9 1 5 9
8 8 0 9 7 6 6 7 4 4 7 0 9 3 0
0 6 5 4 6 3 4 2 4 2 3 4 6 0 6
3 4 2 3 7 4 7 4 6 6 6 0 8 0 4
3 1 7 0 1 2 6 0 0 5 2 0 5 5 9
2 8 4 9 3 6 9 5 9 4 1 4 3 4 0
```

```
8 1 4 6 8 5 2 9 8 1 5 0 5 3 9
4 7 1 7 8 9 0 0 4 5 1 8 3 5 7
5 5 1 5 4 1 2 5 2 2 3 5 9 0 5
9 0 6 8 7 2 6 4 8 7 8 6 3 5 7
5 2 5 4 1 9 1 1 2 8 8 8 7 7 3
7 1 7 6 6 3 7 4 8 6 0 2 7 6 6
0 6 3 4 9 6 0 3 5 3 6 7 9 4 7
0 2 6 9 2 3 2 2 9 7 1 8 6 8 3
2 7 7 1 7 3 9 3 2 3 6 1 9 2 0
0 7 7 7 4 5 2 2 1 2 6 2 4 7 5
1 8 6 9 8 3 3 4 9 5 1 5 1 0 1
9 8 6 4 2 6 9 8 8 7 8 4 7 1 7
1 9 3 9 6 6 4 9 7 6 9 0 7 0 8
2 5 2 1 7 4 2 3 3 6 5 6 6 2 7
2 5 9 2 8 4 4 0 6 2 0 4 3 0 2
```

```
1 4 1 1 3 7 1 9 9 2 2 7 8 5 2
6 9 9 8 4 6 9 8 8 4 7 7 0 2 3
2 3 8 2 3 8 4 0 0 5 5 6 5 5 5
1 7 8 8 9 0 8 7 6 6 1 3 6 0 1
3 0 4 7 7 0 9 8 4 3 8 6 1 1 6
8 7 0 5 2 3 1 0 5 5 3 1 4 9 1
6 2 5 1 7 2 8 3 7 3 2 7 2 8 6
7 6 0 0 7 2 4 8 1 7 2 9 8 7 6
3 7 5 6 9 8 1 6 3 3 5 4 1 5 0
7 4 6 0 8 8 3 8 6 6 3 6 4 0 6
9 3 4 7 0 4 3 7 2 0 6 6 8 8 6
5 1 2 7 5 6 8 8 2 6 6 1 4 9 7
3 0 7 8 8 6 5 7 0 1 5 6 8 5 0
1 6 9 1 8 6 4 7 4 8 8 5 4 1 6
7 9 1 5 4 5 9 6 5 0 7 2 3 4 2
```

```
8 7 7 3 0 6 9 9 8 5 3 7 1 3 9
0 4 3 0 0 2 6 6 5 3 0 7 8 3 9
8 7 7 6 3 8 5 0 3 2 3 8 1 8 2
1 5 5 3 5 5 9 7 3 2 3 5 3 0 6
8 6 0 4 3 0 1 0 6 7 5 7 6 0 8
3 8 9 0 8 6 2 7 0 4 9 8 4 1 8
8 8 5 9 5 1 3 8 0 9 1 0 3 0 4
2 3 5 9 5 7 8 2 4 9 5 1 4 3 9
8 8 5 9 0 1 1 3 1 8 5 8 3 5 8
4 0 6 6 7 4 7 2 3 7 0 2 9 7 1
4 9 7 8 5 0 8 4 1 4 5 8 5 3 0
8 5 7 8 1 3 3 9 1 5 6 2 7 0 7
6 0 3 5 6 3 9 0 7 6 3 9 4 7 3
1 1 4 5 5 4 9 5 8 3 2 2 6 6 9
4 5 7 0 2 4 9 4 1 3 9 8 3 1 6
```

```
3 4 3 3 2 3 7 8 9 7 5 9 5 5 6
8 0 8 5 6 8 3 6 2 9 7 2 5 3 8
6 7 9 1 3 2 7 5 0 5 5 5 4 2 5
2 4 4 9 1 9 4 3 5 8 9 1 2 8 4
0 5 0 4 5 2 2 6 9 5 3 8 1 2 1
7 9 1 3 1 9 1 4 5 1 3 5 0 0 9
9 3 8 4 6 3 1 1 7 7 4 0 1 7 9
7 1 5 1 2 2 8 3 7 8 5 4 6 0 1
1 6 0 3 5 9 5 5 4 0 2 8 6 4 4
0 5 9 0 2 4 9 6 4 6 6 9 3 0 7
0 7 7 6 9 0 5 5 4 8 1 0 2 8 8
5 0 2 0 8 0 8 5 8 0 0 8 7 8 1
1 5 7 7 3 8 1 7 1 9 1 7 4 1 7
7 6 0 1 7 3 3 0 7 3 8 5 5 4 7
5 8 0 0 6 0 5 6 0 1 4 3 3 7 7
```

```
4 3 2 9 9 0 1 2 7 2 8 6 7 7 2
5 3 0 4 3 1 8 2 5 1 9 7 5 7 9
1 6 7 9 2 9 6 9 9 6 5 0 4 1 4
6 0 7 0 6 6 4 5 7 1 2 5 8 8 8
3 4 6 9 7 9 7 9 6 4 2 9 3 1 6
2 2 9 6 5 5 2 0 1 6 8 7 9 7 3
0 0 0 3 5 6 4 6 3 0 4 5 7 9 3
0 8 8 4 0 3 2 7 4 8 0 7 7 1 8
1 1 5 5 5 3 3 0 9 0 9 8 8 7 0
2 5 5 0 5 2 0 7 6 8 0 4 6 3 0
3 4 6 0 8 6 5 8 1 6 5 3 9 4 8
7 6 9 5 1 9 6 0 0 4 4 0 8 4 8
2 0 6 5 9 6 7 3 7 9 4 7 3 1 6
8 0 8 6 4 1 5 6 4 5 6 5 0 5 3
0 0 4 9 8 8 1 6 1 6 4 9 0 5 7
```

```
8 8 3 1 1 5 4 3 4 5 4 8 5 0 5
2 6 6 0 0 6 9 8 2 3 0 9 3 1 5
7 7 7 6 5 0 0 3 7 8 0 7 0 4 6
6 1 2 6 4 7 0 6 0 2 1 4 5 7 5
0 5 7 9 3 2 7 0 9 6 2 0 4 7 8
2 5 6 1 5 2 4 7 1 4 5 9 1 8 9
6 5 2 2 3 6 0 8 3 9 6 6 4 5 6
2 4 1 0 5 1 9 5 5 1 0 5 2 2 3
5 7 2 3 9 7 3 9 5 1 2 8 8 1 8
1 6 4 0 5 9 7 8 5 9 1 4 2 7 9
1 4 8 1 6 5 4 2 6 3 2 8 9 2 0
0 4 2 8 1 6 0 9 1 3 6 9 3 7 7
7 3 7 2 2 2 9 9 9 8 3 3 2 7 0
8 2 0 8 2 9 6 9 9 5 5 7 3 7 7
2 7 3 7 5 6 6 7 6 1 5 5 2 7 1
```

```
1 3 9 2 2 5 8 8 0 5 5 2 0 1 8
9 8 8 7 6 2 0 1 1 4 1 6 8 0 0
5 4 6 8 7 3 6 5 5 8 0 6 3 3 4
7 1 6 0 3 7 3 4 2 9 1 7 0 3 9
0 7 9 8 6 3 9 6 5 2 2 9 6 1 3
1 2 8 0 1 7 8 2 6 7 9 7 1 7 2
8 9 8 2 2 9 3 6 0 7 0 2 8 8 0
6 9 0 8 7 7 6 8 6 6 0 5 9 3 2
5 2 7 4 6 3 7 8 4 0 5 3 9 7 6
9 1 8 4 8 0 8 2 0 4 1 0 2 1 9
4 4 7 1 9 7 1 3 8 6 9 2 5 6 0
8 4 1 6 2 4 5 1 1 2 3 N 8 0 6
2 0 1 1 3 1 8 4 5 4 1 2 4 4 7
8 2 0 5 0 1 1 0 7 9 8 7 6 0 7
1 7 1 5 5 6 8 3 1 5 4 0 7 8 8
```

```
6 5 4 3 9 0 4 1 2 1 0 8 7 3 0
3 2 4 0 2 0 1 0 6 8 5 3 4 1 9
4 7 2 3 0 4 7 6 6 6 6 7 2 1 7
4 9 8 6 9 8 6 8 5 4 7 0 7 6 7
8 1 2 0 5 1 2 4 7 3 6 7 9 2 4
7 9 1 9 3 1 5 0 8 5 6 4 4 4 7
7 5 3 7 9 8 5 3 7 9 9 7 3 2 2
3 4 4 5 6 1 2 2 7 8 5 8 4 3 2
9 6 8 4 6 6 4 7 5 1 3 3 3 6 5
7 3 6 9 2 3 8 7 2 0 1 4 6 4 7
2 3 6 7 9 4 2 7 8 7 0 0 4 2 5
0 3 2 5 5 5 8 9 9 2 6 8 8 4 3
4 9 5 9 2 8 7 6 1 2 4 0 0 7 5
5 8 7 5 6 9 4 6 4 1 3 7 0 5 6
2 5 1 4 0 0 1 1 7 9 7 1 3 3 1
```

```
6 6 2 0 7 1 5 3 7 1 5 4 3 6 0
0 6 8 7 6 4 7 7 3 1 8 6 7 5 5
8 7 1 4 8 7 8 3 9 8 9 0 8 1 0
7 4 2 9 5 3 0 9 4 1 0 6 0 5 9
6 9 4 4 3 1 5 8 4 7 7 5 3 9 7
0 0 9 4 3 9 8 8 3 9 4 9 1 4 4
3 2 3 5 3 6 6 8 5 3 9 2 0 9 9
4 6 8 7 9 6 4 5 0 6 6 5 3 3 9
8 5 7 3 8 8 8 7 8 6 6 1 4 7 6
2 9 4 4 3 4 1 4 0 1 0 4 9 8 8
8 9 9 3 1 6 0 0 5 1 2 0 7 6 7
8 1 0 3 5 8 8 6 1 1 6 6 0 2 0
2 9 6 1 1 9 3 6 3 9 6 8 2 1 3
4 9 6 0 7 5 0 1 1 1 6 4 9 8 3
2 7 8 5 6 3 5 3 1 6 1 4 5 1 6
```

```
8 4 5 7 6 9 5 6 8 7 1 0 9 0 0
2 9 9 9 7 6 9 8 4 1 2 6 3 2 6
6 5 0 2 3 4 7 7 1 6 7 2 8 6 5
7 3 7 8 5 7 9 0 8 5 7 4 6 6 4
6 0 7 7 2 2 8 3 4 1 5 4 0 3 1
1 4 4 1 5 2 9 4 1 8 8 0 4 7 8
2 5 4 3 8 7 6 1 7 7 0 7 9 0 4
3 0 0 0 1 5 6 6 9 8 6 7 7 6 7
9 5 7 6 0 9 0 9 9 6 6 9 3 6 0
7 5 5 9 4 9 6 5 1 5 2 7 3 6 3
4 9 8 1 1 8 9 6 4 1 3 0 4 3 3
1 1 6 6 2 7 7 4 7 1 2 3 3 8 8
1 7 4 0 6 0 3 7 3 1 7 4 3 9 7
0 5 4 0 6 7 0 3 1 0 9 6 7 6 7
6 5 7 4 8 6 9 5 3 5 8 7 8 9 6
```

7 0 0 3 1 9 2 5 8 6 6 2 5 9 4
1 0 5 1 0 5 3 3 5 8 4 3 8 4 6
5 6 0 2 3 3 9 1 7 9 6 7 4 9 2
6 7 8 4 4 7 6 3 7 0 8 4 7 4 9
7 8 3 3 3 6 5 5 5 7 9 0 0 7 3
8 4 1 9 1 4 7 3 1 9 8 8 6 2 7
1 3 5 2 5 9 5 4 6 2 5 1 8 1 6
0 4 3 4 2 2 5 3 7 2 9 9 6 2 8
6 3 2 6 7 4 9 6 8 2 4 0 5 8 0
6 0 2 9 6 4 2 1 1 4 6 3 8 6 4
3 6 8 6 4 2 2 4 7 2 4 8 8 7 2
8 3 4 3 4 1 7 0 4 4 1 5 7 3 4
8 2 4 8 1 8 3 3 3 0 1 6 4 0 5
6 6 9 5 9 6 6 8 8 6 6 7 6 9 5
6 3 4 9 1 4 1 6 3 2 8 4 2 6 4

8 3 5 9 5 0 9 7 2 6 5 5 7 4 8
1 5 4 3 1 9 4 0 1 9 5 5 7 6 8
5 0 4 3 7 2 4 8 0 0 1 0 2 0 4
1 3 7 4 9 8 3 1 8 7 2 2 5 9 6
7 7 3 8 7 1 5 4 9 5 8 3 9 9 7
1 8 4 4 4 9 0 7 2 7 9 1 4 1 9
6 5 8 4 5 9 3 0 0 8 3 9 4 2 6
3 7 0 2 0 8 7 5 6 3 5 3 9 8 2
1 6 9 6 2 0 5 5 3 2 4 8 0 3 2
1 2 2 6 7 4 9 8 9 1 1 4 0 2 6
7 8 5 2 8 5 9 9 6 7 3 4 0 5 2
4 2 0 3 1 0 9 1 7 9 7 8 9 9 9
0 5 7 1 8 8 2 1 9 4 9 3 9 1 3
2 0 7 5 3 4 3 1 7 0 7 9 8 0 0
2 3 7 3 6 5 9 0 9 8 5 3 7 5 5

```
2 0 2 3 8 9 1 1 6 4 3 4 6 7 1
8 5 5 8 2 9 0 6 8 5 3 7 1 1 8
9 7 9 5 2 6 2 6 2 3 4 4 9 2 4
8 3 3 9 2 4 9 6 3 4 2 4 4 9 7
1 4 6 5 6 8 4 6 5 9 1 2 4 8 9
1 8 5 5 6 6 2 9 5 8 9 3 2 9 9
0 9 0 3 5 2 3 9 2 3 3 3 3 3 6
4 7 4 3 5 2 0 3 7 0 7 7 0 1 0
1 0 8 4 3 8 8 0 0 3 2 9 0 7 5
9 8 3 4 2 1 7 0 1 8 5 5 4 2 2
8 3 8 6 1 6 1 7 2 1 0 4 1 7 6
0 3 0 1 1 6 4 5 9 1 8 7 8 0 5
3 9 3 6 7 4 4 7 4 7 2 0 5 9 9
8 5 0 2 3 5 8 2 8 9 1 8 3 3 6
9 2 9 2 2 3 3 7 3 2 3 9 9 9 4
```

```
8 0 4 3 7 1 0 8 4 1 9 6 5 9 4
7 3 1 6 2 6 5 4 8 2 5 7 4 8 0
9 9 4 8 2 5 0 9 9 9 1 8 3 3 0
0 6 9 7 6 5 6 9 3 6 7 1 5 9 6
8 9 3 6 4 4 9 3 3 4 8 8 6 4 7
4 4 2 1 3 5 0 0 8 4 0 7 0 0 6
6 0 8 8 3 5 9 7 2 3 5 0 3 9 5
3 2 3 4 0 1 7 9 5 8 2 5 5 7 0
3 6 0 1 6 9 3 6 9 9 0 9 8 8 6
7 1 1 3 2 1 0 9 7 9 8 8 9 7 0
7 0 5 1 7 2 8 0 7 5 5 8 5 5 1
9 1 2 6 9 9 3 0 6 7 3 0 9 9 2
5 0 7 0 4 0 7 0 2 4 5 5 6 8 5
0 7 7 8 6 7 9 0 6 9 4 7 6 6 1
2 6 2 9 8 0 8 2 2 5 1 6 3 3 1
```

```
3 6 3 9 9 5 2 1 1 7 0 9 8 4 5
2 8 0 9 2 6 3 0 3 7 5 9 2 2 4
2 6 7 4 2 5 7 5 5 9 9 8 9 2 8
9 2 7 8 3 7 0 4 7 4 4 4 5 2 1
8 9 3 6 3 2 0 3 4 8 9 4 1 5 5
2 1 0 4 4 5 9 7 2 6 1 8 8 3 8
0 0 3 0 0 6 7 7 6 1 7 9 3 1 3
8 1 3 9 9 1 6 2 0 5 8 0 6 2 7
0 1 6 5 1 0 2 4 4 5 8 8 6 9 2
4 7 6 4 9 2 4 6 8 9 1 9 2 4 6
1 2 1 2 5 3 1 0 2 7 5 7 3 1 3
9 0 8 4 0 4 7 0 0 0 7 1 4 3 5
6 1 3 6 2 3 1 6 9 9 2 3 7 1 6
9 4 8 4 8 1 3 2 5 5 4 2 0 0 9
1 4 5 3 0 4 1 0 3 7 1 3 5 4 5
```